이승호 교수의 아일랜드 여행 지도

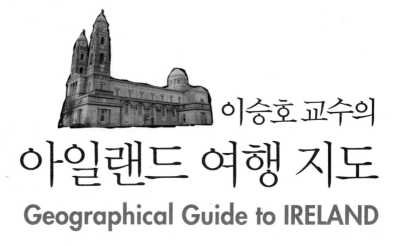

이승호 교수의
아일랜드 여행 지도
Geographical Guide to IRELAND

푸른길

들어가는 글

  '없는 것보다 있는 것이 나을 것' 이란 마음으로 감히 원고를 시작하였다. 2년 전 아일랜드 여행을 준비할 때 웬만큼 크다는 서점을 거의 다 뒤져 보았지만, 관련 도서를 찾는 것이 쉽지 않았다. 심지어 유럽을 소개하는 책에서도 아일랜드를 위한 공간은 존재하지 않았다. 저자가 아일랜드를 조금이라도 이해하게 된다면, 아일랜드를 찾는 초행자를 위하여 미력하나마 도움이 될 수 있는 일을 하고 싶다는 마음을 그 때 먹었다. 이 책은 그런 마음으로 시작하였다.

  짧은 기간이었지만 최대한 많은 것을 겪고 얻으려 노력하였다. 사진도 가능한 시간과 날씨를 고려하려고 하였다. 조그만 햇살이라도 보이는 날에는 무조건 사진기를 둘러메고 집을 나서곤 하였다. 그럼에도 불구하고 짧은 경험을 바탕으로 쓰다 보니 부족함이 많다. 내용은 물론이고 수록한 사진도 능력과 시간의 부족으로 만족스럽지 못한 것이 태반이다.

  아일랜드를 이해하기 위해서는 많은 내용이 필요하지만, 이 책에서는 그것을 크게 줄여 기본적인 사항만을 포함하였다. 우선 그들의 상징 색이기도 한 '녹색' 의 땅을 이해하는 것이 필요하며, 그들의 역동적인 모습을 이해하는 것도 의미 있다고 생각하였다. 초행자를 위하여 아일랜드의 가볼 만한 곳을 소개하는 것도 중요하다고 보았다. 따라서 이 책은 그런 내용을 3부로 구성하였으며, 각각 6개와 8개의 소주제, 그리고 7개의 지역으로 나누어 설명하였다. 또한 초행자를 위하여 몇 가지의 팁을 덧붙였다. 대부분 직접 경험한 것을 중심으로 꾸리다 보니 누락된 내용이 있을 수 있으나, 부록의 내용도 다른 것과 똑같은 정도로 중요하게 생각하였다.

이 책 속에 담겨진 것은 여러 아이리시로부터 들은 것과 직접 확인한 내용만 포함하였다. 아이리시를 이해하는 데는 도미니칸 칼리지 선생들의 조언이 큰 도움이 되었다. 가볼 만한 곳의 선정에는 가족의 생각을 적극 반영하여, 가족 모두가 동의한 장소를 우선적으로 포함하였다. 이 책에 수록된 사진은 대부분 저자가 직접 촬영한 것이며, 그렇지 않은 경우 출처를 밝혔다. 가족이 촬영한 것이 수록된 경우도 있다. 초행자를 위하여 야외의 사진에는 장소를 적어 놓았고 촬영 연도를 표시하였다.

게일 어에 기원을 둔 지명이나 인명을 한글로 표기하는 것은 쉬운 일이 아니다. 심지어 영어로 표기하는 것도 다른 경우를 볼 수 있을 정도이다. 이 책에서는 한글로 표기하는 것을 원칙으로 하였으나 그 경우 처음 쓰일 때는 영어를 병기하였다. 일부 한글 표기가 어려운 것은 영어로 두었다. 이 책에서 아일랜드라고 표기한 것은 아일랜드 섬 전체를 의미하며, 정치적으로 구별이 필요한 경우에는 아일랜드 공화국이라고 표기하였다.

책을 마무리하면서 부족함을 절감한다. 그러나 이것이 새로운 도약의 기회가 될 것이라는 믿음을 가지고 용기를 내었다. 이 책이 독자들에게 작은 도움이라도 된다면 저자로서 큰 기쁨일 것이다. 뿐만 아니라 잘못 설명하고 있거나 부족한 부분이 있다면 언제 어떤 방법으로든지 따끔하게 질책하여 주기 바란다. 그런 질책이 내용의 개선은 물론 또 다른 독자들에게 올바른 정보를 제공할 수 있는 기반이 될 것이다.

이 책이 나오기까지 도움을 준 많은 분들에게 감사한다. 건국대학교는 저자의 일터이자 아일랜드에서 1년의 연구년을 지낼 수 있는 기회를 만들어준 곳이다. 특히 연구 지원금은 아일랜드 초기 정착에 큰 도움이 되었다. 또한 골웨이 대학(National University of Ireland, Galway)의 제닝스(S. Gerard Jennings)와 콜린(Colin O'Dowd) 교수는 공동 연구를 위하여 연구실과 실험실 및 필요한 기자재 일체를 제공하였다. 현재 해양 연구원에 근무 중인 윤영준 박사는 그들과 연결하는 다리가 되어 주었다. 딸 은영이의 친구인 그레이스(Grace) 가족은 이 책을 위하여 가족사진을 기꺼이 제공하였다. 또한 출판을 맡아 준 (주)푸른길의 김선기 사장과 편집부장 이교혜 씨에게 감사한다. 최영은 교수와 허인혜 박사를 비롯한 기후학 연구실의 이경미, 김선영, 김지연도 많은 힘이 되어 주었다. (장)윤정이는 소제목에 아이디어를 주었다.

2005년 10월

이 승 호

차례

1부

녹색의 땅

아일랜드의 자연을 이해하려면 지리적인 위치와 땅의 모양, 빙하와 바다에 의해 형성된 지형, 그리고 물과 기후에 대한 이해가 필요하다.

이를 위해서는 현장 답사가 무엇보다도 중요하다는 생각으로, 짧은 기간이었지만 가능한 한 아일랜드 전 지역을 밟아 보려고 하였다. 특히 산지와 해안은 이 책에서 다루고자 하는 중요한 대상이기 때문에 수시로 답사하였다. 그리고 이 책에는 직접 눈으로 확인한 것만을 쓴다는 원칙을 지키려고 노력하였다.

빙하 지형은 웅장하고 아름다우나 우리에게는 생소한 것이다. 내가 그간 보았던 빙하 지형은 스위스와 스코틀랜드를 여행할 때 본 것이 전부였다. 이런 부족함을 메우기 위하여 아일랜드 중·고등학교 과정의 지리 교과서를 참고하였으며 실제로 많은 도움이 되었다. 그 책들은 어디에서 무엇을 보아야 할지를 정하는 데 중요한 기준이 되었다.

답사를 하다 보니 아름다운 곳이 지리적으로도 가치가 있는 곳임을 확인하는 경우가 많았다. 자연환경을 기술하기 위하여 찾은 곳이 대부분 많은 사람들이 즐겨 찾을 만한 아름다운 곳이었다.

Welcome to Ireland(섀넌 공항, 클레이 주). *2005*

유라시아의 서쪽 끝에서

우리에게 아일랜드는 북반구에서 가장 먼 나라로 여겨진다. 인천 공항에서 비행기를 타고 가장 빠른 방법으로 간다 하더라도 15시간을 가야 아일랜드의 수도인 더블린 공항에 도착할 수 있다. 그러다 보니 아일랜드에 대하여 잘 아는 경우가 흔치 않다. 심지어는 아일랜드가 영국의 일부라고 생각하는 경우도 많다. 실제로 내가 아일랜드에 간다고 하였을 때 영국에 간다는 것으로 이해하는 사람들이 적지 않았다. 그러나 아일랜드는 엄연한 주권 국가이다.

아일랜드는 유라시아 대륙의 북서쪽에 자리한 섬나라이다. 세계 지도를 펼쳐 놓고 보면 아일랜드는 우리와는 너무도 먼 곳에 있다. 우리나라가 유라시아 대륙의 거의 동쪽 끝에 있는 데 반하여 아일랜드는 서쪽 끝에 있다. 세계 전도가 아니면 두 나라가 하나의 지도에 포함된 경우를 찾아보기조차 어렵다. 아일랜드는 경도상으로 서경 $5.5°$~$10.5°$에 위치하고 있어서 우리나라보다 서쪽으로 대략 $135°$ 떨어져 있다. 경도 $15°$마다 한 시간의 차이가 있으니 아일랜드의 표준시($0°$ 선을 기준)는 우리나라보다 9시간 늦은 셈이다. 3월 마지막과 10월의 마지막 일요일 사이에는 서머타임이 적용되므로 8시간이 늦다. 즉 겨울철에는 우리나라가 정오일 때 새벽 3시이며, 여름철에는 새벽 4시가 된다.

위도상으로 아일랜드는 북위 $51.5°$~$55.5°$에 위치하여 우리나라보다

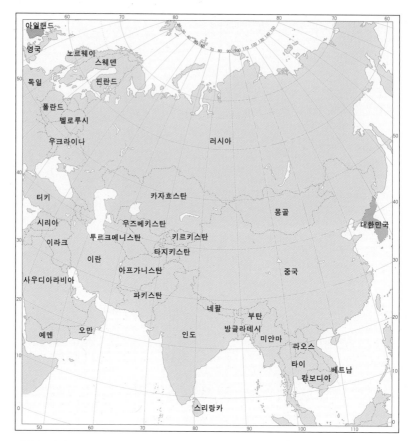

아일랜드의 지리적 위치

20° 가까이 더 북쪽에 자리한다. 그러므로 여름에는 우리보다 해가 길고, 겨울에는 훨씬 짧다. 하지 무렵에는 밤 11시까지도 박명이 계속되지만, 동지 무렵에는 오후 3시를 넘어서면 해를 보기가 쉽지 않다. 해가 긴 여름철에는 여가 활동을 즐기기에 적합하다. 저녁 시간 이후에는 동네의 공원에서 가족끼리 산책을 하거나 가벼운 운동을 즐기는 사람들이 많고, 집 앞의 정원을 가꾸는 모습도 쉽게 눈에 띈다. 아일랜드에서 지내는 동안 해가 중

아일랜드의 서단(슬리 곶, 케리 주) : 아일랜드의 서단인 슬리 곶은 경치가 아름다워 휴양객들이 많이 찾는 곳이다. *2004*

천에 있어서 슈퍼를 찾았다 허탕 치는 경우가 허다하였는데, 그때 시계를 보면 이미 오후 9시를 넘긴 경우가 대부분이었다. 겨울철에는 한밤중인가 하여 시간을 보면 겨우 저녁 5시 정도였다. 그래서 여름에는 저녁을 먹고 나서도 2, 3시간 답사하는 것이 가능했지만, 겨울에는 점심을 먹고 일어서면 이미 숙소를 찾아야 할 시간이었다. 심지어 여름철에는 저녁 8시를 넘긴 시간에도 햇빛에 눈이 부셔 운전하기 어려울 때가 많았다. 겨울철에는 한낮인데도 마치 해가 곧 떨어질 듯하게 보였다. 아일랜드를 포함한 북서부 유럽에서 낮에도 자동차의 전조등을 켜는 것은 태양 고도가 낮고 흐린 날이 많기 때문이다. 해가 있어도 그 고도가 낮아서 그늘에라도 가리면 자동차가 있는 것을 확인하기가 어렵다.

아일랜드의 북단인 도니골(Donegal) 주의 매린(Malin) 곶과 서단인 케리(Kerry) 주의 슬리(Slea) 곶은 경치가 아름다워 관광객의 발길이 끊이지 않는다. 슬리 곶은 대략 서경 10.5°에 위치하며 작은 섬을 빼고는 유럽의 최서

아일랜드의 행정 구역

단이기도 하다.

   아일랜드의 면적은 약 8.4만 km²로 남한 면적의 약 85%이다. 이 가운데 1.4만 km²는 영국 영토인 북아일랜드이다. 해안선의 길이는 3,172km이며 동서의 최장 거리는 275km, 남북의 최장 거리는 486km로 국토의 모양이 남한과 비슷하다. 이웃 나라인 영국의 스코틀랜드와는 최단 거리가 40km

가 채 안 되며, 웨일스의 홀리헤드와도 약 96km의 거리에 불과하다. 이와 같은 지리적 위치는 역사적으로 영국의 영향을 크게 받을 수밖에 없었던 요인이다. 아일랜드의 첫 번째 정착민들이 대부분 영국에서 건너온 사냥꾼들이었다는 것도 우연이 아니다.

아일랜드는 역사적으로 4개의 지방(렌스터 ; Leinster, 먼스터 ; Munster, 코노트 ; Connaught, 얼스터 ; Ulster)으로 구분되어 왔다. 얼스터 지방의 대부분은 북아일랜드에 속하므로 그와 같은 의미로 사용되는 경우가 많다. 이와 같은 지방의 구별은 우리나라에서 호남 지방, 영남 지방 등으로 구별하는 것과 비슷하다. 각 지방은 '주(County)'라는 행정적 구역으로 나뉜다. 전체 32개의 주가 있으며, 그중 6개주가 북아일랜드에 속한다. 렌스터 지방에는 더블린(Dublin)을 포함하여 12개 주, 먼스터 지방에는 코크(Cork) 주를 포함하여 6개 주가 있다. 그리고 코노트 지방에는 골웨이(Galway) 주를 포함하여 5개 주가 있으며, 얼스터 지방에는 북아일랜드의 6개 주와 아일랜드 공화국의 도니골 등 3개 주가 있다. 그러나 북아일랜드는 1973년에 행정 구역을 개편하면서 6개 주를 주요 도시나 타운 중심으로, 26개의 지구(Districts)로 재편성하였다.

각 주에는 주를 총괄하는 행정 관청이 있는 주도가 있으나 우리나라와 같이 대부분의 도시 기능이 집중된 것은 아니다. 각 주 내에 있는 여러 개의 타운은 각각의 작은 생활권을 유지하고 있다. 각 타운 대항의 아이리시 게임(게일릭 풋볼, 헐링 등)이 열리기도 하며, 이 때 주민들은 열광적으로 응원에 참여한다. 아일랜드에서 판매되는 지도에는 각 주의 주도를 표시한 것이 없다.

평화로운 아일랜드의 바다(골웨이 주), 2004

두 얼굴의 바다로

맑은 날, 아일랜드의 해안 도로를 달리노라면 차창 밖으로 보이는 풍경이 그렇게 평화로울 수가 없다. 멀리 보이는 섬, 아일랜드 고유의 작은 고깃배, 알록달록한 원색의 건물 벽 등과 어우러진 파란 바다의 빛깔은 이방인의 마음을 어느새 사로잡고 만다. 그 푸르름 속으로 뛰어들고 싶은 충동에 가슴이 두근거리기도 한다.

비가 내리는 초가을 고향에서 먹어 보았던 고등어 회라도 먹어 볼 양으로 초간장까지 준비하고 바닷가를 찾았다. 그러나 그날의 바다는 평화로움과는 너무도 거리가 멀었다. 푸른빛은 간데없고 금방 방파제라도 삼킬 듯한 성난 파도가 으르렁거리고 있었다. 해안 도로까지 삼킬 듯이 올라오는 하얀 포말은 공포감마저 느끼게 하였다. 어디나 그렇지만 아일랜드의 바다는 너무나도 극명하게 다른 두 얼굴을 가지고 있다.

겨울이 다 끝나갈 무렵인 2월 중순, 아일랜드를 방문하려니 날씨가 궁금하였다. 2월 평균 기온이 5℃ 정도라 하기에 제주도 날씨 정도일 것이라 여기고 가벼운 마음으로 짐을 꾸렸다. 더블린 공항에서 가족과 함께 1년을 살아야 할 골웨이란 도시로 가는 길도 한국의 포근한 늦겨울과 크게 다르지 않았다. 그러나 해가 떨어지면서 상황이 돌변하였다. 한밤중에 몰아치는 북풍은 이역만리를 날아와 첫날 밤을 맞는 이방인들을 공포에 떨게 하였다. 거실의 굴뚝을 통해서 들려오는 폭풍의 울음소리는 당장에라도 식구

메이스 곶 대기 관측소 주변 : 북반구의 배경 대기를 관측하고 있는 곳으로 주변은 항상 바람이 강하고 척박하다. *2004*

들을 삼킬 듯한 기세였다. 창밖에는 길을 걷기도 어려울 정도로 비바람이 몰아치고 있었다. 기후학을 전공한 나는 처음으로 '폭풍(storm)'의 의미를 실감할 수 있었다.

나는 가끔 바다로 뻗은 곶에 위치한 관측소를 찾곤 했는데, 그곳을 다녀오는 날이면 어김없이 감기에 걸렸다. 일단 걸린 감기는 쉽게 떨어지지 않았고, 밤이 되면 심한 기침에 시달렸다. 의사는 난방을 하기 때문에 건조하여 기침이 심해진다고 했다. 일 년 분으로 충분할 것이라면서 준비해 간 감기약은 한 달이 채 가기도 전에 바닥이 났다. 4월에 접어들면서 들판에는 봄꽃이 만발하였다. 그런데도 나는 두툼한 겨울 외투를 걸치지 않고는 집을 나서기가 두려웠다. 다행스러운 것은 그런 옷차림이 하나도 이상하게 보이지 않는다는 것이었다. 겨울옷으로부터 완전히 해방된 것은 5월 중순이 지나고도 한참 후였다. 그 후로도 계절과는 상관없이 겨울옷을 찾아 입

풍력을 이용한 풍차(엘핀, 로스코몬 주) : 바람이 강한 유라시아 대륙의 서안에서는 일찍이 풍력을 에너지 자원으로 이용하였다. *2004*

고 싶을 때가 적지 않았다. 7, 8월에도 두꺼운 겨울 외투를 걸친 모습을 거리에서 간간이 볼 수 있었다.

이런 일들은 아일랜드가 망망대해인 대서양에 자리한 섬나라이기 때문에 발생하는 것이다. 같은 섬이어도 유라시아 대륙으로 서쪽이 막혀 있는 제주도와 앞이 훤하게 트인 아일랜드를 비교하는 것은 시작부터 잘못이다. 그리고 이런 강한 바람은 체감 온도를 낮추기 때문에 그 추위를 단지 기온에 의해서만 판단하는 것은 곤란하다. 대륙의 동안과 서안의 차이는 너무도 크다. 같은 해안 지방이라 하여도 네덜란드, 영국, 아일랜드 등의 서부 유럽에서는 일찍이 바람을 이용한 풍차가 보편화되었으나 우리나라를 포함한 동부 아시아에서는 풍차를 볼 수 없는 것도 같은 이유이다.

크게 보면 아일랜드는 대서양의 북동쪽 연안에 자리한다. 좀 더 자세히 보면, 서쪽과 북쪽의 해안은 대서양에 노출되어 있고, 동쪽은 아이리시 해

대서양

북 해

아이리시 해

아일랜드
공화국

영국

세인트조지 해협

켈트 해

아일랜드의 주변 바다

(Irish Sea)와 남쪽은 켈트 해(Celtic Sea)와 접하고 있다. 그리고 스코틀랜드와
북아일랜드 사이의 좁은 바다는 노스(North) 해협, 아일랜드 남동쪽과 영국
웨일스 사이의 좁은 바다는 세인트조지(St. George's) 해협이다.

해안 절벽(클립스오브모어, 클레이 주) : 해식애와 더불어 그 전면에 시스택을 볼 수 있으며, 절벽 위에는
바이킹이 건축한 작은 성이 있다. *2003*

　대서양에 노출되어 있는 아일랜드의 서쪽 해안은 폭풍과 강한 파도의 영
향을 직접적으로 받기 때문에 어느 곳에서보다도 침식이 활발하다. 그로
인하여 웅장한 해안 절벽(해식애)이 발달하였다. 이런 지형의 해안 대부분은
파란 바다와 어우러진 풍경이 아름다워 수많은 관광객의 발길이 이어진다.
반면에 아이리시 해 연안은 비교적 퇴적 작용이 활발하다. 그러므로 아일
랜드의 동쪽 해안에서는 넓은 백사장과 모래톱, 육계사주, 석호 등이 발달
한 것을 쉽게 볼 수 있다.
　해안 절벽은 아일랜드 서해안의 어디에서든 볼 수 있을 만큼 발달하였
으며 그 규모도 다양하다. 해안 절벽이 발달한 곳은 주변의 빙하 지형과
어우러져서 대부분 풍경이 뛰어나다. 클레이 주의 클립스오브모어(Cliffs
of Moher)와 골웨이 주의 아란 섬 남서쪽 해안, 도니골 주의 슬리브리그

시아치(포트러시, 앤트림 주) : 파랑에 의하여 해안 절벽의 단단한 부분만 남아 시아치가 발달했다. 경치가 아름다워 관광객이 많이 찾으며 마치 코끼리 같은 형상이다. *2004*

(Slieve League)가 대표적인 해안 절벽으로 그 규모를 표현하는 것이 어려울 정도이다. 아마 채석강의 빼어난 경치에 반했던 이태백이 다시 살아 이곳들을 찾는다 해도 규모에 놀라 한동안 운을 떼기 어려울 것이다. 클립스오브모어는 최대 높이가 300m에 이르며, 절벽의 길이는 10km를 넘는다. 게다가 경치가 아름답고 주변에 유적지가 많아 아일랜드에서 가장 많은 인파가 모이는 관광지이다. 이곳 절벽의 가장자리에서는 아슬아슬한 스릴을 즐기는 사람들이 많다. 나도 배를 깔고 엎드려 스릴을 느껴 보려 했지만 현기증 때문에 단 5초를 넘기기도 어려웠다.

　해안 절벽 앞으로는 우리나라 동해의 촛대바위와 같은 키가 큰 바위섬(시스택 ; sea stack)이 발달해 있다. 이것은 파랑에 의해 해안 절벽은 거의 침식되고 단단한 부분만 암초로 남아 있는 것이다. 해안 절벽에서 파랑의 침식

여름철의 해수욕장(Lehinch, 클레어 주) : 유명 해수욕장이지만 여름철이라 하기에는 썰렁할 정도로 사람이 적다. *2004*

에 약한 부분에는 소규모의 해식 동굴이나 시아치(sea arch)가 발달한다. 아일랜드에서 장관을 이루는 시아치는 도니골 주의 크로히(Crohy) 곶과 북아일랜드의 포트러시(Portrush) 해안에서 볼 수 있다. 주변의 해안 절벽도 빼어나지만 시아치 자체가 장관을 이룬다. 그러나 아쉽게도 앞의 곳은 도로 사정이 불편하고, 뒤의 곳은 자이언츠코즈웨이와 같은 빼어난 관광지가 가까이에 있어서 관광객의 눈길을 끌지 못한다. 설령 초행자들이 찾으려 해도 놓치기 쉬운 곳에 위치한다.

곶과 달리 만입된 곳에서는 일반적으로 백사장과 모래 언덕, 모래톱 등이 발달한다. 모래로 이루어진 바닷가는 해수욕장으로 이용되는데, 더블린의 돌리마운트(Dollymount)와 웩스포드 주의 로슬레어(Rosslare), 워터포드 주의 트라모어(Tramore)가 대표적이다. 기후가 괜찮다면 이런 백사장은 엄

해안 사구에 조성된 골프장(포트러시, 앤트림 주) : 대규모의 사구는 대부분 골프장으로 이용되며, 골프
장과 바다 사이에는 사구가 그대로 남아 있다. *2004*

정난 인파에 시달릴 것이다. 그러나 한여름에도 25℃를 넘는 경우가 드물
어, 백사장 주변 도로에 자동차 몇 대가 겨우 모일 정도로 해수욕장이라 하
기에는 너무 썰렁하다. 피서 인파로 들끓는 해수욕장을 경험해 온 우리에
게는 낯선 장면이 아닐 수 없다. 하지만 자연이 오랫동안 보존될 수 있다는
측면에서는 이 점이 오히려 다행스러운 일이다. 역시 신은 세상을 공평하
게 관리하고 있다는 생각이 든다.

　백사장 뒤로는 보통 대규모의 모래 언덕(해안 사구)이 발달하였으며, 사초
(marram grass)가 우리나라 해안의 모래 언덕에 심어 놓은 해송의 역할을 대
신한다. 또한 모래 언덕은 어디서나 여가를 즐기기에 좋은 장소이다. 우리
나라의 모래 언덕에 조성된 소나무 숲에서는 흥겨운 노랫가락이 흐르는 것
에 반하여, 아일랜드의 모래 언덕에서는 골프를 즐긴다. 대규모의 모래 언
덕에는 일반적으로 골프 코스가 조성되어 있고, 그렇지 않은 경우에도 동네

모래톱(사취 ; 던가반, 워터포드 주) : 대규모의 백사장이나 모래 언덕이 있는 곳에는 모래톱이 길고 좁게 발달하였다. 끝 부분이 새의 부리처럼 구부러지고 여러 가닥으로 갈라진 것을 볼 수 있다. *2004*

주민들이 여가를 즐기는 공간으로 이용되는 곳이 많다. 그곳에서 동네 어린이들이 골프 연습을 하는 장면을 흔히 볼 수 있다.

골프의 발상지인 스코틀랜드 세인트앤드루스의 올드 링크도 모래 언덕이다. 골프가 해안의 모래 언덕에서 시작되었기 때문에 코스 안에 벙커와 연못 등이 있는 것이다. 산을 깎아 억지로 만들어 놓은 우리나라의 골프장과는 달리 눈에 거슬리지가 않는다. 골프장이란 간판이 없다면 모르고 지나칠 정도로 주변의 경관과 크게 구별되지 않는 것이 일반적이다. 그만큼 자연을 조화롭게 이용하고 있다는 생각이 든다. 모래 언덕은 바람이 더욱 강한 북쪽과 북서쪽의 해안을 따라서 대규모의 것이 발달하였다. 규모가 큰 곳에는 최대 54홀 규모의 골프 코스가 들어설 정도이다.

백사장이나 모래 언덕이 발달한 곳에서는 모래톱이 길고 좁게 발달한 사취(sandspit)를 볼 수 있다. 사취의 한쪽 면에는 일반적으로 대규모의 모래

육계사주(도그스 만, 골웨이 주) : 아일랜드 해안의 곳곳에서 육계사주를 볼 수 있으며, 여름철에는 이 육계사주가 해수욕장으로 이용된다. *2004*

해안 보호를 위한 그로인(욜, 코크 주) : 아일랜드 해안 곳곳에는 해안 침식을 방지하기 위하여 그로인을 설치해 놓았다. *2004*

언덕이 발달하였다. 이런 사취의 끝 부분은 새의 부리처럼 구부러져 있고 여러 개의 가닥으로 갈라져 있다. 웩스포드의 로슬레어 곶, 워터포드 주의 던가반(Dungarvan), 케리 주의 인치(Inch) 곶, 슬라이고 주의 스트랜드힐 (Strandhill) 등이 대표적이다. 더블린의 호스(Howth)와 딩글 반도의 캐슬그레 고리(Castlegregory), 골웨이 주 서쪽 해안의 옴니(Omey) 섬 등에서는 육계사 주를 볼 수 있다. 남동쪽의 해안에서는 우리나라 강릉의 경포와 같은 석호 도 발달하였다.

최근 30년 동안에 아일랜드의 해안을 찾는 관광객의 수가 6배 이상 늘었 다고 한다. 이렇게 늘어난 관광객들로 쓰레기는 물론 물리적 · 생태적인 피 해도 늘었다. 게다가 최근의 기온 상승에 의한 해수면 상승 등의 영향을 받 으면서 아일랜드의 해안은 심각한 위기에 처하였다. 약 1,500km의 해안선 이 해수면 상승으로 인한 침식 위기에 노출되어 있으며, 특히 동쪽과 남동 쪽의 해안이 심각한 상태이다. 가장 심각한 지역은 19세기 중반에 농경지 조성을 위하여 간척지를 개발한 웩스포드 동쪽 해안이다. 간척으로 인하여 개펄이 50% 감소하였고, 이는 퇴적의 양상을 변화시켰다. 1924~1925년 겨울의 강한 폭풍은 모래톱 3.5km와 그 끝에 자리하던 작은 마을을 삼켜 버렸다.

아일랜드의 해양 · 천연자원부에서는 2001년에 해안을 끼고 있는 12개 주 30여 개소에 약 9백만 유로를 투자하여 해안 보호 시설을 설치하였다. 그 중 더블린의 킬리니(Killiney) 해안에 철길이 놓여 있는 해안 절벽을 보호 하기 위하여 방호벽 등을 설치하는 계획에 가장 많은 90만여 유로를 투입 하였다. 아일랜드 해안 곳곳에서는 모래의 침식을 막기 위하여 설치한 그 로인(groyne), 돌망태(gabion), 방호벽 등을 쉽게 볼 수 있다.

부드러운 아일랜드 산의 모습(코네마라, 골웨이 주). *2004*

빙하의 흔적 속에서

스코틀랜드를 가 보지 않고는 영국을 다녀왔다고 하지 말라는 이야기를 들은 적이 있다. 나는 영국 땅을 세 번째 밟았을 때에야 비로소 그곳을 여행할 수 있었다. 그때서야 그 말의 의미를 실감할 수 있었다. 로몬드(Lomond) 호를 지나 포트윌리엄(Fort William)으로 가는 길의 벤네비스와 글렌코(Ben Nevis and Glen Coe) 국립공원의 빙하 지형은 그야말로 장관이었다.

아일랜드에서 스코틀랜드의 장관에 버금가는 경치를 목격했을 때 놀라움을 감출 수 없었다. 남서부의 링오브케리(Ring of Kerry)를 찾기 전까지 아일랜드는 잔잔한 모습으로 마음속 깊이 그려져 있었다. 그러나 멀리 보이는 링오브케리의 모습은 운전을 어렵게 할 만큼 신비로웠다. 답사를 꽤나 즐겼던 나의 가슴이 그렇게 뛰기는 오랜만이었다. 바로 앞으로 다가온 산지의 웅장함은 스코틀랜드의 그것보다 조금도 떨어지지 않았다.

아일랜드는 그저 넓은 평지 속에 아기자기한 지형이 있는 나라로 인식하는 경우가 많다. 가장 높은 산이라고 해야 1,000m를 조금 넘는 정도이기 때문일 것이다.

그러나 아일랜드의 어디든 산이 있는 곳에서는 웅장한 빙하의 모습을 상상할 수 있다. 부드러우면서도 급한 경사, 움푹 파인 웅덩이와 같은 모습 등이 그렇다. 멀리서 바라보는 산의 선은 성숙한 여자의 가슴처럼 부드러운 곡선이다. 아일랜드의 산은 우리의 산과는 다른 부드러움을 느끼게 한다. 우리의 산이 가까이 다가갈수록 부드러움을 느끼게 한다면, 아일랜드의 산은 멀리서 볼 때 그 부드러움을 느낄 수 있다.

평지이건 산지이건 아일랜드의 대부분 지역은 빙하의 영향을 받았다. 아일랜드는 약 17만 년 전에 높은 산지부터 빙하에 덮이기 시작하였다. 오늘날 빙하에 의하여 깎여 나간 침식 지형을 볼 수 있는 높은 산지는 대부분 이 때부터 빙하의 영향을 받기 시작하였다. 북쪽의 위도가 높은 지역과 아이리시 해에 가까운 동쪽 해안 지방에 스코틀랜드에서 이동해 온 빙하가 모습을 드러낸 것도 이 무렵이다. 그 후 기온이 상승하면서 15만 년 전부터 7만 년 전 사이에는 빙하가 모두 사라졌다.

두 번째 빙기는 7만 년 전 무렵부터 시작하여 1만 년 전까지 계속되었다. 남부 해안에 가까운 일부 지방을 제외하고 대부분의 지역이 빙하에 덮여 있었다. 이때 빙하가 덮였던 경계선을 따라서 빙하가 운반한 퇴적물이 쌓

아일랜드의 빙하 산지(링오브케리, 케리 주) : 아일랜드의 산지도 스코틀랜드의 웅장함에 뒤지지 않는다.
2004

빙하의 침식에 의한 지형 발달(데리클레어, 골웨이 주) : 산지에는 대부분 빙하 침식 지형인 권곡이 발달하였다. 앞의 호수는 빙하호인 이낙 호이다. *2004*

인 빙퇴석(moraine)이 선상으로 길게 발달하였다. 남부의 코크나 워터포드 지방에서 동서로 뻗은 도로 주변에 연속적으로 이어지는 낮은 언덕이 빙퇴석이다. 아일랜드에서 빙하가 모두 사라지고 오늘날의 모습을 갖춘 것은 약 9,500년 전부터이다.

아일랜드의 빙하 지형은 그 종류가 다양하다. 빙하가 이동하면서 만들어진 긁힌 흔적과 침식 지형, 퇴적 지형 등이 발달하였다. 특히 빙하의 말단에 있었으므로 빙하에 의한 퇴적 지형은 세계적으로 탁월하다. 빙하도 하천과 같이 흘러내리면서 그 아래의 표면을 깎아 간다. 아일랜드에서 볼 수 있는 이런 빙하 침식 지형으로는 권곡과 U자곡, 피오르 등이 있다.

권곡(Kar 또는 cirque)은 빙하에 의하여 산꼭대기가 움푹하게 파인 지형으

권곡(Mweelrea 산지, 마요 주) : 빙하에 의하여 산꼭대기가 움푹하게 파였으며 빙하가 흘러간 아래쪽만 트여 있다. *2003*

로 빙하가 흘러간 아래쪽만 트여 있고, 그 외의 부분은 암벽으로 둥글게 둘러싸여 있어서 마치 안락의자와 같은 형상을 하고 있다. 달리 보면 폭탄이 떨어져 깊은 웅덩이가 만들어진 것 같기도 하다. 아일랜드의 권곡 중에는 물이 고여 호수를 이루는 경우가 많다. 대표적인 권곡으로는 케리 지방에 있는 만게르톤(Mangerton) 산의 데빌스 펀치볼과 위클로 산지의 브레이 (Bray) 호 등이 있다. 이 두 곳은 국립공원 구역이며 주변 경치가 아름답다. 그밖에도 서부의 골웨이 주와 마요 주가 만나는 지역의 산지를 지나는 주요 도로변에서도 권곡을 볼 수 있다.

U자곡은 하천이 흐르던 곳을 빙하가 흐르면서 더욱 깊이 파놓은 변형된 골짜기이다. 이를 빙식곡이라고 부르는데 마치 고속도로처럼 시원하게 뻗어 있다. 골짜기의 벽은 경사가 급하여, 이런 곳을 넘는 도로는 굴곡이 매우 심하다. 빙식곡이 시작되는 고개에 서서 아래를 내려다보면 앞이 확 트여 시원하게 펼쳐진 골짜기의 풍경이 일대 장관을 이룬다. 남서부의 산지와 북

U자곡(글렌게스 고개, 도니골 주) : 고개 정상에서 골짜기를 내려다보면 앞이 훤하게 트여 있어 시원한 느낌을 주며, 사이에 나 있는 도로의 굴곡이 심하다. *2004*

서부의 산지에 특히 U자곡이 발달했으며, 케리 주의 블랙밸리(Black Valley)와 던로(Dunloe) 협곡, 콘에어(Conair) 골짜기 등은 그 대표적인 예이다.

U자곡에 바닷물이 들어와서 만들어진 수심이 깊고 좁은 만을 피오르(Fjord)라고 한다. 피오르의 수심은 바다 쪽보다 만 안쪽으로 갈수록 더 깊어지기도 하며, 주변의 산지는 경사가 급하다. 아일랜드에는 킬라리하버(Killary Harbour)와 로크스윌리(Lough Swilly), 카링포드(Carlingford) 등 소규모의 피오르가 발달하였으며, 도로변에는 피오르를 감상할 수 있도록 여러 곳에 전망대가 설치되어 있다. 킬라리하버는 폭이 좁고 만이 긴 게 특징이며, 만 안쪽에서는 양식이 행하여지고 유람선도 운행된다.

빙하가 녹으면 그것이 운반하던 물질들이 쌓여 빙하 퇴적 지형을 만든다. 빙하 퇴적 지형은 흔하게 눈에 띄지만 침식 지형에 비하여 볼거리가 되는 것은 아니다. 그보다는 그 분포가 세계적이라는 데 의미를 두어야 할 것이다. 아일랜드에서 볼 수 있는 빙하 퇴적 지형은 빙력토와 드럼린(drumlin),

피오르(킬라리하버) : 만의 폭이 좁고 길어 양식장이 발달하였고, 유람선 등이 운행된다. *2003*

에스커(esker) 등이 대표적이다.

빙하는 하천과 달리 퇴적물을 크기별로 나누는 분급 작용을 하지 않으므로 그 퇴적물이 다양한 크기의 물질로 이루어져 있다. 마지막 빙기에 빙하 말단에 해당하던 곳을 지나는 도로변이나 공사장에서는 기반암 위에 두꺼운 빙력토가 덮여 있으며, 어떤 것은 그 두께가 10m를 훨씬 넘기도 한다. 그런 곳에는 호소나 늪 등 배수가 잘 안 되는 땅이 발달하였다. 이와 같이 퇴적물과 유기물이 쌓여 있는 늪지를 보그(bog)라고 하며 토탄의 원료가 된다. 골웨이 주와 마요 주 등 서부 지역의 평지는 대부분 이런 땅이다. 이런 지역의 곳곳에서 볼 수 있는 작은 호소는 빙력토에 묻혀 있던 빙하 덩어리가 녹은 자리에 물이 고인 것이다. 케리 주에서 가장 큰 호수인 린(Leane) 호는 빙력토가 하천을 가로막아 만들어진 것이다. 린 호는 국립공원 구역이며, 주변의 킬라니(Killarney) 타운은 항상 관광객이 북적이는 도시이다.

드럼린은 아일랜드의 곳곳에서 볼 수 있는 가장 흔한 지형이다. 그 모양

빙력토(코네마라, 골웨이 주) : 빙력토는 분급이 이루어지지 않아 다양한 크기의 자갈들이 섞여 있다. *2004*

이 마치 달걀이나 숟가락을 엎어 놓은 듯, 한쪽은 경사가 급하고 다른 쪽은 완만하다. 이는 빙하의 이동 방향과 관련이 있다. 지형도 상에서 보면 제주도의 오름을 양쪽에서 눌러 놓은 듯한 모양인데, 실제 모양을 보아도 오름이 아닌가 착각할 정도로 그 규모가 제주도의 기생 화산과 비슷하다. 아일랜드에서 관찰되는 드럼린의 높이는 30~50m이며, 길이는 0.5~1km이다. 드럼린은 대부분의 경우 무리를 지어 발달하므로 그런 곳을 '달걀 바구니(basket-of-eggs)'라고 부르기도 한다. 아일랜드와 북아일랜드의 경계 지역을 드럼린 벨트라고 부르며, 세계적으로 가장 조밀한 드럼린 지역으로 알려져 있다. 마요 주 서해안의 크로 만에는 빙기가 끝나고 해수면이 상승하여 물에 잠겨 있는 드럼린 군이 발달하였다. 드럼린은 농경지나 목초지로 이용되는 경우가 많고, 간혹 마을이 들어선 곳도 있다.

더블린에서 중앙의 저지를 지나 서쪽으로 가는 길가에는 제방 모양의 언덕이 길게 형성되어 있는데 이를 에스커라고 한다. 에스커는 게일 어로 모래 언덕을 뜻하는 'eiscir'에서 유래한 것이다. 에스커의 높이는 30m에 이르며 길이는 수 km에 달한다. 에스커는 모래와 비교적 둥근 자갈이 섞여 있어서 농경지로 이용되는 경우가 많다. 또 완만한 기복이 있어서 골프장으로 이용되기도 한다. 둥근 자갈이 많은 곳은 골재원으로 사용된다. 골웨

드럼린(발리해이즈 부근, 카반 주) : 드럼린은 아일랜드에서 가장 흔한 빙하 지형의 하나로, 마을이 들어서 있는 작은 언덕이 드럼린이다. *2004*

에스커(에스커힐, 오팔리 주) : 에스커는 제방처럼 길게 발달하였으며, 농경지나 골프장 등으로 이용된다. *2004*

골재 채취장으로 이용되는 에스커(발리나슬로 주변, 로스코몬 주) : 멀리 보이는 언덕도 에스커이며, 에스커의 자갈은 중요한 골재원이 된다. *2004*

이 주 동쪽의 발리나슬로(Ballinasloe) 주변의 에스커는 골재원으로 활용되는 예이다. 아일랜드 중앙 저지대는 보그층이 발달한 대표적인 지역이며, 이 보그층은 양쪽의 에스커를 따라서 길게 발달하였다.

역사 시대 이전 아일랜드에 빙하가 덮였던 것은 행운이라고 할 수 있다. 그 빙하에 의해 만들어진 다양한 지형은 관광 등의 중요한 자원이 되었다. 아일랜드를 찾는 관광객의 상당수는 빙하 지형을 보기 위하여 찾는 것이라고 해도 과언이 아니다. 또 에스커에서 거의 무한대로 공급되는 골재는 최근 아일랜드의 역동적인 건설업 발달에 큰 도움이 되고 있다. 뿐만 아니라 중부와 서부, 북서부 등의 지역에 넓게 분포하는 보그층도 빙하의 영향으로 발달한 것이며, 그것으로 만들어지는 토탄은 아일랜드의 중요한 자원의 하나이다.

초록의 들판과 돌담길(버렌, 클레이 주), *2004*

초록의 들판과 돌담 사이로

　비행기에서 내려다보이는 아일랜드의 첫 모습 중에서 인상적인 것은 초록의 들판과 돌담이다. 돌담은 계절에 관계없이 누구에게든 관심을 끌 만한 모습이다. 어느 공항을 통하여 아일랜드로 들어가든 아니면 페리를 이용하든, 제주도를 연상하게 하는 돌담의 모습이 한국인에게는 인상적이지 않을 수 없다.

　아일랜드를 처음 찾았을 때, 더블린 공항에 착륙하는 비행기에서 내려다보이는 주변의 모습은 마치 나의 고향인 제주 공항에라도 내리는 듯한 착각에 빠지게 하였다. 그때 일행에게 '제주도에 온 것 같다'는 첫마디를 하였던 기억이 생생하다. 더블린 공항에서 자동차를 타고 서쪽 지방으로 달리는 도로변의 모습은 그런 인상을 더욱 짙게 하였다. 어디서든 눈에 띄는 초록의 들판과 간혹 그 곳에서 풀을 뜯고 있는 말의 모습 그리고 밭 사이의 나지막한 돌담이 그러했다. 고향 할아버지에게 보내는 아이들의 첫 편지 인사말은 모두가 '아일랜드의 자연이 제주도를 닮았다'는 것으로 시작하고 있었다.

　아일랜드를 여행하다 보면 폐허가 되어 버린 가옥이 쉽게 눈에 띈다. 그런데 지붕의 모습은 찾아볼 수 없지만 벽은 거의 원형 그대로 보존되어 있다. 그렇다고 보존을 위해서 인위적으로 노력한 흔적이 있는 것도 아니다. 그런 가옥의 대부분은 벽의 재료로 돌을 사용하였다. 초가지붕은 오랜 세

폐허의 가옥(메이스 곶, 골웨이 주) : 벽의 재료로 돌을 사용한 가옥이 폐허 곳곳에 원형대로 남아 있다. *2003*

월이 흐르면서 흔적 없이 썩어 사라졌지만, 돌로 쌓은 벽은 거의 손상되지 않고 보존되었다. 이런 가옥은 아일랜드 도처에서 발견되는데 대부분은 19세기에 발생한 감자 대기근과 관련이 있어 보인다. 그 당시 참혹상을 잘 보여 주는 아클(Achill) 섬에는 그런 가옥이 집단으로 있는 폐허의 마을이 있으며, 많은 관광객의 발길이 이어진다.

가끔 학생들이 제주도의 돌담과 관련된 질문을 하면, 대답을 하기에 앞서 '왜 그런 것을 묻지' 하고 혼자 중얼거리던 기억이 난다. 아일랜드를 여행하면서 어디서든지 눈에 띄는 돌담을 보니, 학생들이 왜 그런 질문을 했는지 이해될 듯하였다. 그 수많은 돌이 어디에서 나온 것일까, 왜 힘들여 그런 담을 쌓았을까 하는 의문이 절로 생겨났다. 사실 제주도보다도 훨씬 돌이 많아 보였다.

서부 골웨이 주의 코네마라(Connemara) 남쪽 해안의 낮은 산지와 클레이

밭 사이의 돌담(코네마라, 골웨이 주) : 밭과 밭 사이에 돌담이 쌓여 있다. *2004*

바위가 많은 코네마라 지방(골웨이 주) : 농사를 짓기 어려운 황무지와 바위로 덮여 있다. *2003*

주의 버렌(Burren ; '버렌'은 게일 어로 암석이 많은 곳을 의미한다)을 둘러보면, 그 돌들이 어디에서 온 것인지에 대한 의문은 풀릴 것 같다. 두 지역에는 여러 번을 가 보았지만, 갈 때마다 '이 지방의 사람들은 무엇을 먹고 살았을까?' 하는 소리가 입에서 절로 나왔다. 어디를 보아도 농사를 지을 만한 땅이라고는 찾기 어렵다. 온통 크고 작은 바위 덩어리와 황무지뿐이다. 그곳의 잡초를 먹이라고 뜯고 있는 양 떼를 보면 양의 사회에도 계급이 있다는 생각이 든다. 온통 초록으로 뒤덮인 초원에서 한가로이 풀을 뜯는 부유한 양이 있는가 하면, 버려진 땅과 다름없는 곳에서 치열하게 먹이 경쟁을 벌여야 하는 가엾은 양 떼도 있다.

들판을 덮고 있는 바위는 대부분 석회암이다. 아일랜드에서 가장 비옥하다고 하는 중앙부는 물론 척박한 서해안 지방에 이르기까지 석회암이 넓게 분포한다. 돌담의 대부분도 석회암으로 만들어진 것이라 제주도의 검은 돌

지표면에 노출된 석회암(버렌, 클레어 주) : 이곳의 석회암은 대부분 지표에 노출되어 있으며, 표면이 거칠어 분위기를 더욱 삭막하게 만든다. *2004*

담과 달리 색이 밝다. 우리나라 어디에서나 흔하게 볼 수 있는 화강암은 코네마라, 도니골, 위클로 등 일부 지방에서만 볼 수 있다. 두 가지 암석을 놓고 본다면 우리나라와는 정반대이다. 우리나라의 암석은 70% 이상이 화강암이거나 그와 관련된 것이며, 석회암은 단양 · 삼척 · 영월 등의 지역에 좁게 분포한다.

아일랜드 유수의 관광지인 버렌과 아란(Aran) 섬에는 석회암이 지표면에 노출되어 있어서 풍경이 상당히 거칠게 느껴진다. 이 지역의 유적 중에는 돌 요새(Stone fort)나 고인돌 등과 같이 석회암으로 만들어진 것이 많다. 오늘날 가옥의 벽으로 사용되는 돌의 대부분도 석회암이다.

북동쪽에는 현무암이 넓게 발달하여 더욱 제주도를 연상하게 한다. 그 지역의 자이언츠코즈웨이(Giant's Causeway)는 주상 절리가 발달한 지형으로 세계적이며, 연중 수많은 관광객이 줄을 잇는다. 6각기둥 모양의 주상 절

주상 절리(자이언츠코즈웨이, 앤트림 주) : 주상 절리가 성냥갑을 쌓아 놓은 듯 규칙적으로 발달하였다. *2004*

리가 성냥갑을 쌓아 놓은 듯이 규칙적으로 발달하였고, 그러한 돌기둥의 수가 무려 4만 개에 이른다 하니, 조물주의 신비에 놀라지 않을 수 없다.

석회암이 분포하는 곳은 넓은 평원이며, 산지는 석회암이 아닌 다른 종류의 암석이 있는 곳에 발달하였다. 석회암 지대에서 가장 높은 곳은 버렌의 슬리에브엘바(Slieve Elva) 산으로 높이는 343m에 불과하다. 아일랜드의 산지 면적은 전 국토의 20% 정도로 70%에 이르는 우리의 경우와는 크게 다르다. 우리나라에는 여러 산이 겹치고 겹쳐 있는 경우가 많아 어느 산에 올라서도 다른 산이 앞을 가리는 경우가 대부분이다. 그러나 아일랜드에서는 날씨가 좋은 날 산에 올라서면 시력이 허용하는 한 어디까지든지 다 볼 수 있을 만큼 시야가 트여 있다. 또 우리나라에서는 전라북도의 김제에서나 지평선을 볼 수 있지만, 아일랜드에서는 거의 어디에서든지 지평선이

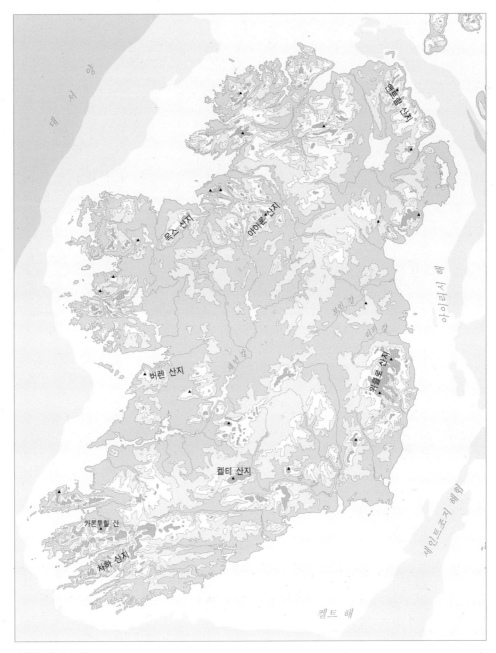

대 서 양

켈트 해

세인트조지 해협

아이리시 해

어블린 산지

리키 강

보인 강

옥스 산지

아이르 산지

어튼 맨 산지

버렌 산지

켈티 산지

카론투힐 산

자하 산지

셰넌 강

아일랜드의 산지 분포

용기에 의해 발달한 산지(벤불빈, 슬라이고 주) : 슬라이고 주를 포함하여 서쪽 지방에서는 융기한 흔적을 곳곳에서 볼 수 있다. *2004*

보일 정도로 평평한 곳이 대부분이다.

비교적 높은 산지는 서부와 남부 지방에 치우쳐 있다. 특히 남서부의 산지는 고도가 높을 뿐만 아니라 매우 아름다워, 그 지역을 아일랜드 제1의 관광지로 만들고 있다. 아일랜드에서 가장 높은 산인 카룬투힐(Carrauntoohil) 산(1,038m)을 포함하여 브랜던(Brandon) 산(950m), 갤티모어(Galtymore) 산(919m) 등이 이 곳에 있다. 서해안의 마요 주에 자리한 크로크패트릭(Crough Patrick) 산(762m) 역시 그리 높지 않지만, 아일랜드 사람들이 신성하게 여기는 곳으로 매년 여름에 성지를 순례하는 참배객이 모여든다. 크로크패트릭 산의 중턱에 올라서면 그 북쪽의 크로 만에 널려 있는 드럼린 군을 조망할 수 있는데, 그 정상에서 산의 남쪽으로 펼쳐지는 코네마라 지방의 산지와 그 사이의 호수가 어우러진 풍경은 가히 절경이라 할 수 있다.

산지의 모양이 우리나라와는 크게 달라서 신비롭게 보이기도 한다. 산지가 발달한 곳의 대부분에는 빙하가 만들어 놓은 다양한 모양의 지형이 장관을 이룬다. 우리나라의 산골짜기는 대부분 흐르는 물에 의해서 만들어진 것이라 좁고 앞이 막혀 있는 느낌이 들지만, 아일랜드의 산골짜기는 빙하가 만들어 놓은 것이라 깊고 웅장하며 전망이 시원하다.

예이츠의 시 '호수의 섬 이니스프리'가 있는 곳으로 널리 알려진 슬라이고 주변의 산지는 해수면에 가깝던 땅이 솟아오른 것으로 그 모양이 특이하다. 그 지방의 산은 우리나라의 산처럼 봉우리가 있지 않고 정상 부분이 대부분 평평하다. 정상 부근에서 과거에 바다였음을 보여 주는 화석이 발견되기도 한다.

아름다운 린 호(케리 주), *2005*

요정의 고향, 호숫가로

아일랜드를 3다의 나라라고 한다면 돌, 바람과 더불어 물이 포함될 것이다. 아일랜드는 어디에 있든 물을 볼 수 있는, 물이 넘치는 나라이다. 4면이 바다로 둘러싸인 것도 그 이유이지만, 그보다도 호수가 많고 주변 어디에나 강물이 흐르고 있기 때문이다. 아일랜드에는 800여 개의 호수가 있으며, 서쪽과 북쪽 지방으로 갈수록 더 많다. 아일랜드의 시인이자 극작가인 예이츠의 작품에 호수가 많이 등장하는 것도 그가 아름답게 여겼던 슬라이고 지방의 호수 지대와 관련이 있다.

혹시 물이 보이지 않을 경우, 서 있는 곳의 땅이라도 세게 밟으면 그 밑에서 물이 나올 정도이다. 녹색의 초원인 줄 알고 그 안으로 뛰어들었다가 큰 낭패를 당할 수도 있다. 아일랜드는 지하수위가 높기 때문에 땅이 거의 젖어 있는 상태이다. 동네마다 푸른 잔디 경기장이 만들어져 있지만, 막상 그 안에 들어가 보면 질퍽거리기 일쑤이다. 아일랜드에서 야구를 하지 않는 이유는 비가 자주 오기도 할 뿐만 아니라 땅바닥이 항상 젖어 있기 때문일 것이다.

또한 아일랜드에는 호수의 나라라고 할 만큼 크고 작은 호수가 많다. 아일랜드가 '요정의 나라'로 알려진 것도 호수가 많기 때문이다. 그 중 네이(Neagh) 호는 북아일랜드 중앙부에 있는 호수로, 영국에서도 면적이 가장 넓어(396km²) 멀리 수평선이 보일 정도이다. 이런 큰 호수 주변에는 자연보

호수의 섬 이니스프리

나 일어나 이제 가리, 이니스프리로 가리
거기 욋가지 엮어 진흙 바른 작은 오두막을 짓고,
아홉 이랑 콩밭과 꿀벌통 하나
벌 윙윙대는 숲 속에 나 혼자 살리라.

거기서 얼마쯤 평화를 맛보리
평화는 천천히 내리는 것
아침의 베일로부터 귀뚜라미 우는 곳에 이르기까지
한밤엔 온통 반짝이는 빛
한낮엔 보랏빛 환한 기색
저녁엔 홍방울새의 날개 소리 가득한 그 곳.

나 일어나 이제 가리, 밤이나 낮이나
호숫가에 철썩이는 낮은 물결 소리 들리나니
한길 위에 서 있을 때나 회색 포도 위에 서 있을 때면
내 마음 깊숙이 그 물결 소리 들리네.

윌리엄 예이츠

* 예이츠의 시 대부분에는 호수와 관련된 내용이 등장한다. 이니스프리는 예이츠가 젊은
  시절 작품 활동을 하면서 그 아름다움에 빠져 들었던 슬라이고의 길(Gill) 호에 떠 있는
  작은 섬이다. 현재 그 호수에는 이니스프리를 돌아볼 수 있는 유람선이 운행되고 있다.

코리브 호의 모습(골웨이 주) : 코리브 호는 경치가 아름답고 유람선이 다니고 있어서 물놀이를 하러 많이 찾는 장소이다. *2004*

호 구역으로 지정된 장소가 많으며, 그런 곳은 자연 학습장의 역할을 한다. 골웨이 주의 코리브 호도 면적이 넓고 주변 경치가 아름답다. 호숫가를 따라서 작은 배를 대여하는 곳이 있어서 물놀이를 즐기기에 좋고, 여름철에는 유람선을 탈 수 있다. 우리나라에서 그 도시를 지나는 하천의 이름에 특별한 관심을 갖듯이, 골웨이 시내에서는 여러 종류의 가게 이름에서 '코리브'를 볼 수 있다.

케리 주의 린 호는 바닥이 다 보일 정도로 깨끗한 물과 더불어 주변의 무성한 숲과 웅장한 산지가 지나는 사람들의 마음을 사로잡는다. 그 주변은 국립공원이며 해안가 못지않게 많은 휴양객이 찾는 곳이다. 그 밖에 마스크(Mask) 호, 더그(Derg) 호, 콘(Conn) 호, 리(Ree) 호 등도 여행객의 마음을 사로잡을 만한 아름다운 곳이다. 또 비교적 해발 고도가 높은 산지에도 빙하호 등의 작은 호수가 있다. 호수의 물을 보면 아이들은 물론 어른들도 그

속으로 뛰어들고 싶은 충동을 억누르기가 쉽지 않다. 호수에는 백조, 청둥오리, 갈매기 등이 사람들을 기다리고 있다.

호수 주변에는 대부분 습지가 발달하였다. 그런 호숫가와 습지에서는 갈대가 자라며, 이는 초가지붕의 재료로 쓰인다. 아일랜드의 초가지붕의 재료는 대부분 갈대이며, 일반 가옥은 물론 초가지붕인 호텔도 자주 눈에 띈다. 새마을 운동을 하면서 다 걷어 내어 버린 우리나라의 초가지붕에 아쉬움이 남는다.

초가지붕(Carrigahorig, 티퍼레리 주) : 아일랜드 곳곳에서 초가지붕을 볼
수 있으며 이런 초가는 호텔, 바 등으로 이용되기도 한다. *2004*

린 호의 모습(케리 주) : 바닥이 다 보일 정도로 깨끗한 물과 더불어 주변
의 무성한 숲과 웅장한 산지가 지나는 사람들의 마음을 사로잡는다. *2004*

　호수는 아름다운 경관을 제공하는 것 외에 하천의 수위를 조절하는 데도
큰 몫을 한다. 대부분의 호수는 주요 하천과 연결되어 있어 상류에서 내려
오는 물을 저장했다 하류로 내려 보낸다. 산지에서 많은 비가 내리더라도
일단 호수에 저장했다 하류로 내려 보내므로 수위가 급격히 변화하지 않는
다. 그래서 아일랜드에는 우리나라와 달리 하천 가운데 있는 섬인 하중도
에 발달한 도시가 많다. 코크, 골웨이, 에니스킬렌 등은 하중도에 발달한
대표적인 도시이다. 대부분의 섬나라가 자연재해에 시달리지만 아일랜드

그랜드 수로(섀넌하버, 오팔리 주) : 더블린과 섀넌 강을 연결하는 수로이며, 섀넌하버가 그 종점이다. *2004*

는 자연재해가 거의 없는 나라이기도 하다.

　아일랜드에는 하천의 수는 많지만 길이가 긴 것은 드물다. 섀넌(Shannon) 강은 아일랜드에서 가장 긴 강으로, 서부 지방을 굽이쳐 흐르다 중서부 평원을 지나 대서양으로 흘러든다. 섀넌 강을 따라서 더그 호와 리 호 등 아름다운 호수가 많아 물놀이를 즐기려는 휴양객이 많이 찾는다. 섀넌 강은 로얄 수로와 그랜드 수로를 통해 더블린과 연결되어 있으며, 보트를 이용한 물놀이에 적합하다. 두 수로는 아일랜드 중부를 동서로 연결한다. 이 강은 상류에서 섀넌-언 수로를 통하여 그 북쪽의 언(Erne) 강과 연결되며, 그 후 대서양으로 흘러들어간다.

　아이리시 해로 흘러드는 강은 대체로 길지 않으며, 보인(Boyne) 강이 비교적 긴 편이다. 이 강은 동부 중앙 평원의 보그 지역을 관통하며, 로얄 수로 및 그랜드 수로와 연결되어 있다. 즉, 아일랜드의 큰 물줄기는 수로를

드로이다에서 바라본 보인 강 : 왼쪽의 언덕이 전쟁터였으며, 앞에 보이는 건물은 잉글랜드와의 전쟁 승리 기념 박물관으로 이 도시 방문자라면 한번 들러 볼 만한 곳이다. *2004*

통하여 동서남북으로 거의 완벽하게 연결된다. 보인 강을 따라서는 하류에서부터 드로이다(Drogheda), 슬랜(Slane), 나반(Navan)과 그 지류인 블랙워터(Blackwater) 강 유역의 켈스(Kells) 등 역사 유적지가 많다. 보인 강 드라이브 코스는 유적지를 돌아볼 수 있는 좋은 관광 코스이다. 하류 부근에서는 전쟁터라는 표시를 자주 목격할 수 있는데, 드로이다는 그 중심에 있던 곳으로 잉글랜드가 침략하였을 때 피비린내 나는 전투를 치른 지역이다.

아일랜드의 물은 콜라와 비슷한 갈색을 띠는 경우가 있다. 상류에 보그층이 많은 곳이 특히 그러하며, 빗물이 지표면에 닿은 후 그 층을 통과하기 때문이다. 종종 가정의 수도에서도 그런 색의 물이 나올 때가 있으나 사용에는 별 문제가 없다. 대부분의 가정이 주전자 크기의 소형 정수기를 갖추고 있으며, 설령 색이 있는 물이라 해도 깨끗한 것이므로 정수한 물을 그대로 마시기도 한다. 아일랜드의 생활에 적응해 갈 무렵 수도료가 없다는 사

겨울철의 수상 스포츠(코리브 호, 골웨이 주) : 아일랜드는 겨울에도 날씨가 온화하여 호수에서 수상 스포츠를 즐긴다. *2005*

실을 알고 물이 풍부하다는 것을 새삼 실감하였다.

　아일랜드는 이와 같이 아름답고 깨끗한 물 그리고 겨울철에도 온화한 기온 덕에 다양한 수상 스포츠가 발달하였다. 이안 와일리(Ian Wiley)와 게리 모어(Gary Mawer), 네빌 맥스웰(Neville Maxwell) 등의 유명한 카누 경기 선수를 배출하였고, 1996년 애틀랜타 올림픽 수영 부문에서 금메달 3개와 동메달 1개를 따낸 것도 우연은 아닐 것이다. 아일랜드는 유럽에서 가장 긴 수로망을 가지고 있으며, 강과 호수를 포함하여 700km 이상의 보트 놀이를 할 수 있는 환경이 갖추어져 있다. 항해는 아일랜드의 전통적인 스포츠이며 100여 개가 넘는 요트와 항해 클럽이 있다. 코리브 호와 더그 호, 섀넌 강 등에서는 카누나 항해를 즐기고 있는 모습을 쉽게 볼 수 있다. 수로나

보(洑 ; 애슬론, 웨스트미스 주) : 대부분의 하천이나 수로에는 수위를 맞추어 주기 위하여 갑문이나 보가 설치되어 있다. *2004*

하천에서의 이런 레포츠를 위해서는 일정한 수위와 고도가 유지되어야 하므로 갑문이나 보가 설치되어 있는 것도 많이 볼 수 있다. 연중 카누와 카약을 즐길 수 있으며, 바로우 강과 노르(Nore) 강, 리피(Liffey) 강에서는 급류에서의 스릴을 즐기기도 한다. 또한 아일랜드는 낚시로도 유명하며, 연어와 송어 낚시를 위해서는 면허를 받아야 한다.

맑은 날의 아일랜드 하늘 모습. *2004*

사계절을 하루에

아일랜드에서는 계절에 관계없이 무지개를 볼 수 있다. 그것도 바로 앞에서 잡힐 듯하여 자동차를 타고 쫓아 달려가 보기도 하였다. 그러나 역시 곧 사라지고 만다. 무지개가 만들어지려면 반드시 한쪽에서는 비가 내리고 그 반대쪽은 맑은 날씨여야 한다. 그만큼 아일랜드의 날씨가 변덕스럽다는 것을 보여 준다.

우리의 '빨리빨리' 습성을 변덕스러운 날씨 때문에 생겨난 것이라고 이야기하는 경우가 많다. 나도 그럴 것이라 생각하였다. 그리고 한국의 날씨가 실로 변덕이 심하다고 믿었다. 그러나 아일랜드 사람들의 행동을 보면, 그런 이야기는 설득력이 없어 보인다. 아일랜드의 날씨는 더 이상 변덕스러울 수 없을 정도로 빠르게 바뀐다. 하루 중에 1년의 날씨를 모두 경험하는 것도 어렵지 않다. 아침에는 쾌청했는데 오전 티타임에 밖을 보면 소나기가 퍼붓고 있는 경우가 흔하다. 그러던 날씨가 한낮에는 개고 퇴근 무렵에는 강한 바람이 불면서 추워지기도 한다. 그렇게 변덕스런 날씨이지만 아일랜드 사람들의 행동 어디에도 '빨리빨리' 란 느낌은 없다. 항상 신속하게 일을 처리해 온 한국 사람으로서는 오히려 매사가 느린 것이 답답하게만 느껴질 때가 많다.

여러 가지 원인으로 날씨가 변덕스럽지만, 섬나라란 것이 가장 큰 이유이다. 바람이 어느 방향에서 불어오든지 해양으로부터의 습윤한 공기이며,

이것이 육지에 부딪히면서 낮은 구름을 만들고 더욱 높이 상승하면 비를 내린다. 바람의 방향이 순간순간 바뀌므로 비가 내리는 장소도 그때마다 달라진다. 이런 아일랜드의 하늘에는 맑은 날에도 거의 항상 낮은 구름이 덮여 있다. 그 구름 위로는 더 이상의 높은 구름이 없기 때문에 아주 파란 하늘을 볼 수 있다.

　바다의 영향과 더불어, 아일랜드의 날씨에 영향을 미치는 공기의 종류가 다양한 것도 변덕스런 날씨의 원인이다. 그 종류는 5가지로 극지방, 한대 지방의 해양과 대륙, 열대 지방의 해양과 대륙에서 오는 것이다. 그중 어떤 공기가 영향을 미치는가에 따라서 춥기도 하고 따뜻하기도 하며, 혹은 비

무지개 : 아일랜드에서는 무지개를 쉽게 볼 수 있는데, 이는 날씨 변화가 심하기 때문이라고 할 수 있다.
2004

해양성
한대 기단

해양성 극기단

대륙성
한대 기단

해양성
열대 기단

대륙성
열대 기단

아일랜드 주변의 기단

우박 : 해양성 한대 기단이 영향을 미칠 때는 우박
이 떨어지는 경우가 많다. *2004*

가 내리거나 강한 바람이 불어오기도 한다. 우리나라의 날씨에 영향을 미치는 공기의 종류는 3가지라고 할 수 있는데도 날씨가 변덕스럽다고 하니, 5가지나 되는 아일랜드의 날씨가 얼마나 변덕스러운지는 짐작이 갈 것이다. 사실 우리나라의 날씨도 정도의 차이는 있지만 변덕스러운 것은 분명하다.

아일랜드의 날씨에 영향을 미치는 공기 중 아이슬란드 남쪽의 북대서양 공기가 영향을 미치는 빈도가 가장 높다(약 40%). 이 공기가 영향을 미칠 때는 한랭 습윤하며, 바람이라도 강하게 불면 상당한 추위를 느끼게 된다. 이때 높은 산에서는 소낙성 강수가 내리기도 하며, 평지에서도 우박이 떨어지는 것을 볼 수 있다. 서유럽의 대륙의 공기가 영향을 미치는 빈도도 25%로 그 영향이 잦다. 이 공기는 매우 한랭 건조한 동풍을 가져온다. 이런 날은 맑고 밤에는 서리가 내리기도 한다. 그러나 종종 많은 눈을 내리게 할 때도 있다. 북대서양 남부의 공기가 영향을 미치는 빈도도 21%로 높은 편이다. 겨울철에 이 공기가 다가오면 많은 비가 내리며 여름철에는 강한 천

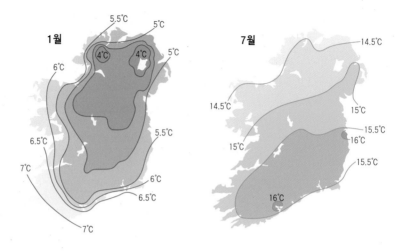

아일랜드의 기온 분포(1월과 7월)

둥 번개를 동반한다. 간혹 사하라 사막에서 만들어진 공기가 영향을 미쳐 건조하고 맑은 날씨를 가져오지만 그 빈도는 5%에 불과하다. 극지방의 공기가 영향을 미칠 때는 매우 추우며 그 빈도가 9% 정도이다.

저기압이 통과할 때에는 강한 비바람이 몰아친다. 우리나라 부근을 통과하는 저기압 대부분은 힘이 강하지 않은 편이지만, 아일랜드를 통과하는 저기압은 가장 힘이 센 상태일 때 통과한다. 그러므로 중심 기압이 가장 낮아졌을 때 아일랜드를 통과하여 그 값이 950헥토파스칼에 이르기도 하며, 이는 대형 태풍과 중형 태풍의 경계에 해당한다. 이럴 때는 마치 강한 태풍이 지나는 것과 다름없는 날씨를 보이며, 태풍보다 느리게 이동하므로 오랜 시간 폭풍우가 몰아친다.

아일랜드의 연평균 기온은 9℃에서 크게 벗어나지 않는다. 최북단의 마린 곶에서는 9.3℃이며, 가장 기온이 높은 남부의 발렌티아(Valentia) 관측소가 10.4℃이다. 중북부 내륙 지방은 9℃에 조금 못 미친다. 우리나라의 연

초록의 겨울 들판(Annalong, 다운 주) : 아일랜드에서는 겨울철에도 곳곳에서 초록의 들판을 볼 수 있으며, 북위 50°가 넘는 곳에서 상록수가 자라기도 한다. *2004*

평균 기온보다는 3~5℃가 낮은 것이다. 그러나 비슷한 위도대에 속한 다른 내륙국과 비교하면 상당히 높다.

아일랜드에서는 겨울철에도 대부분 초록의 들판을 볼 수 있으며, 북위 50°가 넘는 곳에서 상록수가 자라기도 한다. 상록수의 일종인 송악은 아일랜드 전역에 분포한다. 우리나라에서는 송악이 자연 상태에서 서해안 쪽은 계화도, 동해안 쪽은 포항까지 분포한다. 그러므로 아일랜드에서는 우리나라에서보다 위도상으로 20° 더 북쪽까지 분포하는 것이다. 이는 겨울철 기온이 높기 때문에 가능하다. 1월의 일 최저 기온 평균이 2.5℃ 정도로, 아일랜드의 위도를 고려한다면 상당히 높은 편이다. 아일랜드의 1월의 등온선을 보면 내륙과 해안의 기온 차이가 있지만, 우리나라처럼 지역 간의 차이가 크지는 않다. 영하로 떨어지는 날수가 내륙에서는 40일, 해안에서는 10일 이하이다. 우리나라 중부 지방에서는 보통 100일이 넘는 것에 비하면 좀처럼 영하의 날씨가 나타나지 않음을 알 수 있다.

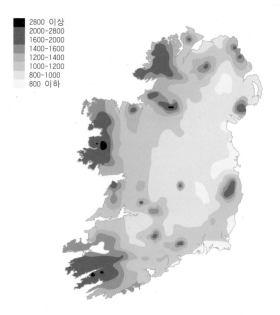

2800 이상
2000-2800
1600-2000
1400-1600
1200-1400
1000-1200
800-1000
800 이하

아일랜드의 연평균 강수량(mm)

아일랜드에 처음 도착한 어느 해 여름날, 고요한 바다에 비친 보름달이 너무도 아름다웠다. 그 달에 빠져 잠시 바닷가에 앉아 있던 것이 그 후의 일정을 망쳐 놓고 말았다. 잠깐의 찬바람이 가져다준 감기가 여행 내내 나를 괴롭혔다. 한여름이었지만 그 때의 기온이 18℃ 정도였을 것이다. 이와 같이 여름철의 기온이 비슷한 위도대에 비하여 낮다. 7월 평균 기온이 대부분의 지역에서 15℃를 벗어나지 않고, 낮 최고 기온 평균도 19℃에 불과하다. 이런 기온 분포 때문에 여름철에도 두꺼운 겨울옷을 걸친 것을 흔히 볼 수 있다. 이런 날씨에 적응되지 않은 사람이 반팔을 입고 있다가는 감기에 걸리기 십상이다. 그러니 한여름에도 보일러를 켜야 하고, 벽난로에서는 토탄을 태우고 있는 경우가 흔한 일이다.

아일랜드의 연평균 강수량은 750~2,800mm로 지역 간의 차이가 크다.

산지의 지형성 강수 : 아일랜드에서는 산지의 바람받이 쪽에만 내리는 지형성 강수를 쉽게 볼 수 있다.
2004

대체로 서쪽 지방으로 갈수록 그 양이 많고 동쪽으로 갈수록 적다. 이와 같
은 지역 간의 강수량 차이는 아일랜드가 편서풍 지대 서안의 해양에 위치
하면서 산지가 서쪽으로 치우쳐 있기 때문이다. 아일랜드 동쪽의 절반 지
역은 연평균 강수량이 750~1,000mm이며, 나머지 서쪽 지역은 1,000~
1,250mm이다. 더블린과 그 주변은 강수량이 800mm 이하로 아일랜드에
서 강수량이 가장 적은 곳이다. 연평균 강수량이 2,000mm를 넘는 지역은
대부분 산지이거나 산지에서 가까운 곳이다. 특히 남서풍이 불어올 때 바
람받이인 곳에서 강수량이 많다. 산지와 그 주변에서만 지형성 강수가 내
리는 것을 쉽게 볼 수 있다. 지형성 강수가 많은 워터포드 주의 코메라크
(Comeragh) 산에서는 1996년 10월 강수량이 790mm를 기록하였다.

　물 수급 측면에서 본다면 이런 강수량 차이 자체가 큰 의미를 갖는 것은

비 내릴 때의 표정 : 아일랜드에서는 비가 내려도 우산을 받치는 경우가 드물다. 다만 방수가 되는 모자 달린 겉옷으로 우산을 대신한다. *2004*

아니다. 여름보다는 겨울에 강수량이 많은 편이지만 강수가 연중 고르게 내려 항상 물이 풍부하다. 더블린의 경우 강수량이 가장 많은 달은 12월 (76mm)이며, 가장 적은 달인 7월에는 50mm 정도의 비가 내린다. 그러므로 강수량과 관련된 홍수나 가뭄 등의 큰 문제는 좀처럼 발생하지 않는다.

아일랜드에서 가뭄은 전혀 문제되지 않으나, 홍수는 주변이 산지인 티퍼 레리 주의 클론멜(Clonmel) 타운에서 발생한 경우가 있다. 주변 산지에서의 지형성 강수에 의한 빗물이 한꺼번에 모이면서 발생한 것이었다. 30년 이 상의 강수량 기록을 보유하고 있는 관측소 중 강수량이 가장 많은 발렌티 아 관측소의 경우도 일 최대 강수량이 86.8mm에 불과하여, 수백mm 이상 의 기록을 자주 경험하는 우리와는 크게 대비된다. 그러나 케리 주의 산지 에서는 일 최대 강수량 243.5mm를 기록(1993년 9월 18일)하기도 하였다. 그 러므로 아일랜드의 산지를 여행하기 위해서는 일기 예보에 귀를 기울여야 한다. 산지를 여행하던 사람들이 비와 관련된 사고를 당하였다는 소식이 이따금 전해지기도 한다.

아일랜드에서는 비가 내릴 때 우리처럼 우산을 받쳐 들거나 허둥거리면서 비를 피하려 하지 않는다. 대부분의 경우는 방수가 되는 모자 달린 겉옷을 입는 것으로 그만이다. 시내에서 비를 피하기 위해 뛰어다니는 사람들의 십중팔구는 여행자라고 생각해도 틀리지 않을 정도이다. 아일랜드는 강수일수는 많은 편이지만 소낙성 강수가 많아 강수량이 적다. 강수일수는 서쪽의 해안 지방에서 250일이 넘고 더블린과 그 주변에서도 180일을 넘는다. 그래서 대부분의 가정에 빨래 건조기가 마련되어 있다.

그리고 아일랜드의 도로는 우리나라에 비하여 노면이 거칠다. 이는 빗길 미끄럼을 방지하기 위해 거칠게 마감 공사를 하였기 때문이다. 승용차를

거친 도로면 : 아일랜드의 도로는 강수 시의 미끄럼을 방지하기 위하여 매끄럽게 포장을 한 후 그 위를 거칠게 마감처리를 한다. *2004*

타고 고속도로를 달릴 때는 비행기가 이륙하는 듯한 소음에 시달려야 할 정도이다. 모든 국도에는 잦은 비에 대비하여 차선에 야간의 반사 시설이 잘 갖추어져 있다. 반사 시설은 색을 구분하여 차로를 준수할 수 있게 도와주며, 교차로가 있는 것까지도 판단하기 쉽게 도와준다. 중앙선은 하얀색, 가장자리 선은 주황색으로 반사되게 하였으며, 교차로가 있을 때는 미리 가장자리 선에 초록색이 반사되게 하여 준다. 그 교차로 입구에는 초록과 흰색으로 반사되는 기둥을 세워 차가 들어가는 방향을 인도해 준다. 비가 내릴 때 밤길을 자동차로 달려 보면 이런 시설의 효과를 실감할 수 있다. 그래서인지 빗길에서도 왕복 2차선의 좁은 도로를 시속 100km로 달린다. 이런 사소한 시설들이 교통사고를 줄이는 데 크게 기여하고 있는 것 같다. 우리나라에서 산지 등 빗길에서의 교통사고 소식이 잦은 걸 생각하면서 그런 시설이 잘 갖추어진 것이 부럽기도 했다.

아일랜드는 겨울 기온이 높기 때문에 눈은 드물다. 또 눈이 내린다 하여도 높은 기온 때문에 곧 녹기 시작한다. 골웨이 시에서 2004년 2월 하순 어느 날 아침에 눈이 내렸을 때, 아이고 어른이고 할 것 없이 7년 만의 눈이라면서 환호하고 즐거워하던 모습이 선하다.

아일랜드에서는 우리나라처럼 서풍과 남서풍이 주로 분다. 그러나 풍속은 우리와 큰 차이가 있어서 연평균 풍속이 4~7m/sec에 이른다. 일반적으로 일평균 풍속이 5m/sec 이상인 날을 강풍일이라고 하고 있으므로, 그 강도를 짐작할 수 있을 것이다. 북서 지방에서 바람이 가장 강한 곳은 연평균 풍속이 10m/sec에 이르며 겨울바람이 역시 강하다. 그런 곳에서 자라는 나무는 대부분 심하게 한쪽으로 기울어 있다. 해안 지방에서는 폭풍일수가 50여 일에 이르며, 최북단의 마린 곳에서는 연평균 폭풍일수가 66일이다.

아일랜드는 4면이 바다이지만 생선 요리가 발달하지는 않은 듯하다. 대형 슈퍼마켓에서 보면 육지의 고기 코너에 비하여 생선 코너는 상당히 규

편형수 : 바람이 강한 아일랜드에서는 나무가 한쪽 방향으로 기운 것을 쉽게 볼 수 있다. *2004*

모가 작고 그것도 연어가 대부분이다. 시내에 정육점은 많지만 생선을 전문으로 파는 가게는 거의 보이지 않는다. 바다와 관련된 요리도 연어를 사용한 것이 대부분이며, 그 외에 굴, 홍합 요리를 가끔 볼 수 있는 정도이다. 이는 폭풍일수가 많은 것과 관련이 있는 것 같다. 잦은 폭풍으로 멀리 나가서 고기잡이를 하기 어렵기 때문에 가까운 연안이나 강을 따라 올라오는 물고기를 잡은 것으로 요리를 하는 것이다. 종종 하구에 가까운 강에서 연어잡이를 하고 있는 모습을 볼 수 있다.

우리나라에서 생활하다 보면 간혹 창틀의 사개가 잘 맞지 않고 틈새가 생겨 불만스러울 때가 있다. 아일랜드의 가옥에서는 그런 불만을 거의 찾을 수 없는데, 이는 건축 기술의 발달보다는 바람이 강한 것과 관련이 있다. 강한 바람에 대비하여 창문을 만드는 기술이 발달한 것 같다. 창밖에서

빨래의 건조 : 아일랜드에서는 강한 바람을 이용하여 빨래를 말리기 위하여 뒷마당에 빨랫줄을 매어 놓은 모습을 흔하게 볼 수 있다. *2004*

맑은 날의 표정 : 맑은 날이면 많은 사람들이 야외로 나와서 일광욕을 즐긴다. *2004*

는 믿기 어려울 정도의 강풍이 부는데도, 집 안에서는 굴뚝이 있는 거실에서만 겨우 그런 분위기를 느낄 수 있다. 다른 방은 더욱 고요하고 창문이 흔들리는 소리조차 전혀 없다. 우리나라에서 경험했던 창문이라면, 추위는 둘째로 하고 창문이 흔들리는 소리에 견디기 어려울 것이다.

아일랜드 시내에는 목도리를 파는 가게가 비교적 많다. 학생들의 교복에는 대부분 스웨터가 포함되어 있으며 연중 같은 교복을 입는다. 즉, 우리나라처럼 여름철 교복이 따로 있지 않다. 이런 것도 모두 바람이 강하기 때문이다. 강한 바람으로 인한 낮은 체감 온도를 이겨내기 위해 목도리를 두르거나 스웨터를 입고 있는 것을 볼 수 있다. 또 아일랜드의 가정집 뒷마당에 빨랫줄이 매어져 있는 정겨운 장면을 흔히 볼 수 있는데, 이것은 강한 바람을 이용하여 빨래를 말리는 것이다.

아일랜드는 연평균 일조 시간이 3시간을 조금 넘는 정도로 짧다. 우리나라에서 일조 시간이 가장 짧은 울릉도의 5시간에 비하여도 크게 낮은 값이다. 우리나라에서 일조 시간이 가장 긴 영덕에서는 연평균 일조 시간이 7.4시간이다.

12월에 북부 지방에서는 일조 시간이 1시간에 불과하다. 5월과 6월에 가장 길어서 5~7시간 정도이다. 해가 전혀 없는 날도 60~80일 정도이며, 겨울철에는 보통 한 달에 10일이 그런 날이다. 그러므로 맑은 날이면 많은 사람들이 야외로 나와서 일광욕을 즐긴다. 아일랜드는 공기가 맑기 때문에 햇볕에 짧은 시간 노출되어 있어도 화상을 입는 경우가 많다. 그러므로 학교에서 야외 행사를 하는 날에는 학생들에게 자외선 차단제를 바르고 오라는 가정 통신문을 보내기도 한다.

2부

역동적인 아이리시

짧은 시간에 어떤 민족을 이해하는 것은 어려운 일이 아니라 불가능한 일이다. 더구나 1년이란 기간은 너무도 짧은 시간이다. 그런 가운데서도 아이리시를 이해하기 위해서 가능한 한 많은 사람들과 마주하려 노력하였다.

이 장에서 다루어야 할 소재를 찾는 데는 역시 아일랜드의 중·고등학교의 지리, 역사, 종교 등의 교과서가 큰 역할을 하였다.

아이리시를 이해하려면 그들의 역사와 언어, 펍(pub), 가톨릭, 최근의 산업 발전 등에 대한 이해가 필요하였다. 그래서 그 현장이나 관련 장소를 찾아가 확인하고 사진에 담았다. 역사적 사실을 확인하는 데에는 박물관 등도 큰 도움이 되었다. 펍에서 만나는 아이리시들은 그들의 역사와 문화에 대한 새로운 사실들을 알려주었다.

아일랜드의 바이킹 흔적(워터포드, 워터포드 주). *2004*

수많은 외침 속에서

2002년 한일 월드컵 대회에서 플레이오프까지 치르고 본선에 겨우 오른 아일랜드 팀이 16강에 진출한 것은 당시 매우 인상적인 일 중의 하나였다. 그런 아일랜드에 웬만한 나라에는 다 있을 법한 프로 축구 리그가 없다는 사실은 더욱 놀라웠다. 그런 힘의 원동력은 과연 무엇인지 궁금하였다. 우리의 모든 에너지가 역사적인 '한(恨)'에서 나온다고도 하듯이, 아일랜드 16강의 원동력도 역사적인 배경과 관련이 있을 것이라고 생각하였다.

아일랜드를 여행하다 보면 바이킹과 관련된 건축물이나 흔적을 많이 접하게 된다. 어느 박물관에서 그와 관련된 안내원의 설명을 들으며, 그가 바이킹에 대하여 상당히 호의적이라는 느낌을 받았다. 그는 바이킹에 의해서 도시적인 삶을 시작했다는 점을 특히 강조하였다. 그런가 하면 곳곳에 잉글랜드와 관련된 장소가 많은데, 그것을 설명하는 안내원의 태도는 바이킹의 경우와는 사뭇 달랐다. 동부 드로이다의 한 박물관에서 잉글랜드가 나오는 대목을 설명하던 안내원의 목소리는 분명 격앙되어 있었다. 우리가 갖는 반일 감정보다 더 큰 무엇인가를 느끼게 하였다. 아무튼 바이킹과 잉글리시가 아일랜드의 역사에 적지 않은 영향을 미친 흔적이 여기저기서 눈에 띈다.

신석기 시대부터 아일랜드에 인간이 존재했음을 알려주는 고인돌 등의 유적도 남아 있다. 고인돌은 주로 아일랜드의 북부와 위클로 산지의 서쪽

아일랜드의 고인돌(버렌, 클레어 주) : 아일랜드의 곳곳에 신석기 유적인 고인돌이 남아 있으며, 버렌 지방의 고인돌은 중요한 관광 자원이 되고 있다. *2004*

지방, 그리고 서해안의 버렌 지방에 집중적으로 남아 있다. 이중 버렌의 고인돌은 주변의 석회암 지대와 어우러진 중요한 관광 자원이다. 본격적인 아일랜드 역사의 시작은 기원전 600년경 켈트 인이 들어오면서부터이다. 그들은 게일 어의 원조격인 켈트 어와 철기 문화를 가지고 왔다. 켈트 인은 부족 공동체를 형성하고 오늘날 아이리시의 선조가 되었다. 그들은 도시를 형성하지 않고 소규모로 흩어져, 돌로 요새를 짓고 살았던 흔적을 곳곳에 남겼다.

아일랜드는 물론 미국의 아이리시 사이에서도 행하여지는 할로윈 축제는 켈트 족의 풍습에서 온 것이다. 켈트 족의 새해 첫날은 겨울이 시작되는 11월 1일이며, 그들은 사람이 죽으면 그 영혼이 1년 동안 다른 사람의 몸속

돌 요새(Grianan of Aileach, 도니골 주) : 오늘날 아이리시의 선조인 켈트 인은 돌로 요새를 만들어 정착
하였다. *2004*

할로윈 데이의 거리 표정 : 어린이들도 늦은 시간까지 귀신 복장을 하고 어른들과 시내를 돌아다니며, 만나는 사람들에게 "Trick or Treat!"과 "Happy Halloween!"을 외친다. *2004*

에 있다가 내세로 간다고 믿었다. 한 해의 마지막 날인 10월 31일에 사람들이 귀신 복장을 하고 집 안을 춥게 만들어, 죽은 자의 영혼이 들어오는 것을 막았다고 하는 데서 '할로윈 데이'가 유래한다.

할로윈 데이가 다가오면 집집마다 귀신 가면과 호박으로 치장을 한다. 그날 밤에는 동네 아이들이 귀신 가면을 하고 해골 모양의 가방을 들고 집집마다 방문하여 "Trick or Treat!" 하고 외친다. 주인도 그 말에 호응하면서 "Happy Halloween!" 하고 외친다. 그러면서 미리 준비하고 있던 사탕이나 과자, 사과 등을 넣어 주고, 때로는 동전을 주기도 한다. 마치 설날에 미리 준비해 둔 세뱃돈을 동네 꼬마들에게 쥐어 주는 기분이다. 우리 집에서도 사탕을 잔뜩 준비해 놓고 설렘 속에 꼬마 손님을 기다렸던 적이 있다.

시내에서는 귀신 복장을 한 어린이들의 퍼레이드가 벌어진다. 항상 일찍 잠자리에 드는 어린이들도 이날만은 늦은 시간까지 어른들과 시내를 돌아

다니며, 만나는 사람들에게 "Trick or Treat!"과 "Happy Halloween!"을 외친다.

아일랜드에 기독교가 처음 전래된 것은 432년 성 패트릭에 의해서다. 그후 기독교가 급속하게 아일랜드에 전파되면서, 신학을 비롯한 학문 연구가 활발하였다. 당시 유럽이 '중세 암흑기'라고 불리던 것과는 대조적으로 아일랜드는 성직자와 학자의 땅으로 칭송받았다. 성 패트릭이 숨을 거둔 3월 17일을 성스럽게 여겨 '세인트 패트릭 데이'라고 하였다. 이날은 아이리시에게 가장 큰 축제일이며, 많은 사람들이 성 패트릭 모자와 초록색으로 온몸을 치장하고 시가 행진을 벌인다. 이날이 다가오면 시내는 온통 초록색의 물결이 넘쳐난다. 십대 소년 소녀들까지도 광장에 모여 술판을 벌이며, 주변에는 알코올 냄새가 넘쳐 난다. 일부 종교인들은 이런 상황을 우려하기도 한다.

곳곳에 남아 있는 폐허의 수도원과 교회는 성 패트릭이 들어온 무렵부터 8세기경까지 지어진 것이다. 아일랜드 전역에 산재하는 하이 크로스(high cross)도 이 무렵부터 세워졌다. 하이 크로스는 스코틀랜드와 잉글랜드 북부에도 소수 남아 있다. 그러나 아일랜드에는 돌로 만들어진 하이 크로스가 보존되어 있으며, 특히 십자가를 원이 둘러싸고 있고 다양한 모양이 조각되어 있다. 또 그 높이가 6m에 이르는 것도 있고 교회나 공동묘지에 자리하며, 파손된 것은 원형에 가깝게 복원하여 보존하는 것도 볼 수 있다. 하이 크로스는 우리나라의 석탑과 비슷한 것이라 여겨도 무방할 듯하다.

많은 부를 축적한 교회와 수도원은 9세기부터 바이킹의 침략 대상이 되었다. 바이킹의 침략은 1014년에 더블린 근처의 클론탈프(Clontarf) 전투에서 아일랜드 왕(High King)에게 패할 때까지 계속되었다. 그들은 아이리시 해 연안에 거주지를 만들었고, 세력이 강해지면서 더블린, 리머릭, 워터포드, 웩스포드 등과 같은 도시를 발달시켰다. 또한 바이킹은 아이리시에게

하이 크로스(드로이다, 미스 주) : 아일랜드 곳곳에 남아 있는 돌로 만
들어진 하이 크로스. 우리의 석탑과 비슷한 의미를 지닌다. *2005*

라운드 타워(글렌달록, 위클로 주) : 아일랜드에 바이킹의 침략이 시작
되면서 수도원 등에 라운드 타워가 만들어졌다. *2004*

배 건조 기술과 장사와 무역의 방법, 도시 생활의 즐거움 등을 전하였으며, 점차 그들에게 동화되어 갔다. 아이리시 특유의 강인함 속에는 바이킹의 피가 어느 정도 흐르지 않나 싶다.

오늘날 아일랜드 곳곳에서는 특유의 라운드 타워(round tower)를 볼 수 있는데, 이것도 바이킹의 침략이 시작되면서 만들어졌다. 처음에 라운드 타워는 수도원 관리들의 피난과 적을 감시하는 시설로 이용되었다. 피난을 목적으로 하였으므로 외부에서 출입구로 올라가는 계단이 없다. 수도원 관리 등이 임시 계단을 이용하여 안으로 들어간 후 그 계단을 안으로 넣어버리는 방법을 썼기 때문에, 오늘날에는 그 흔적이 남아 있지 않다. 그 후 저장고, 종탑, 혹은 적을 가두어 두는 장소 등으로도 사용되었다. 오늘날 아일랜드에는 80여 개의 라운드 타워가 남아 있으며, 완전한 것은 그 높이가 30m에 이른다. 그 주변에는 교회나 공동묘지가 있는 것이 일반적이다. 오늘날에는 교회의 종탑으로 사용되는 경우도 있다.

12세기 후반부터 16세기까지는 영국에 정착하고 있던 노르만의 영향을 받았다. 잉글랜드의 헨리 2세가 아일랜드를 침략하면서부터 아일랜드는 그 통치하에 놓이게 되었으며, 이것이 아일랜드와 영국 간의 지겨운 관계의 시작이다. 아이리시 중에는 영국이 미국처럼 멀리 떨어졌으면 좋았을 것이라고 하는 사람도 있었다. 그들은 아일랜드의 북부와 서부 일부를 제외한 전 영토를 장악하였고, 그것을 지키기 위하여 성을 지어 오늘날 곳곳에 그 흔적을 남겼다.

헨리 8세는 자신이 아일랜드 왕임을 선언하고 지배력을 강화하였다. 그의 뒤를 이은 엘리자베스 1세 때 두 나라 간의 정치적·종교적 갈등이 더욱 심각해졌다. 가톨릭을 믿는 아이리시는 탄압을 받은 반면, 신교도는 가톨릭 교도로부터 몰수한 땅에 이주하였다. 아일랜드에서는 이와 같은 이주를 플랜테이션(plantation)이라고 부른다. 아이리시의 저항이 계속되었으나, 17

성(블라니, 코크 주) : 영국은 정복한 아일랜드 땅을 지키기 위해 곳곳에 성을 세웠다. *2004*

세기 들어서면서 아이리시의 전통적 제도는 폐지되었다. 1607년에 북부에서 투쟁하던 아이리시들이 유럽으로 피신하면서 그들의 저항은 일단락되었다. 이때 스코틀랜드와 잉글랜드의 신교도가 원주민 아이리시에게 땅을 빼앗으면서 그들 저항의 마지막 본거지였던 북부 얼스터 지방의 중심과 서부로 이주하였다. 이것이 오늘날 북아일랜드 분쟁의 뿌리가 되었다.

영국의 청교도 혁명에서 가톨릭을 옹호했던 찰스 1세가 크롬웰에게 패하면서 아일랜드에는 피바람이 불어왔다. 크롬웰은 아일랜드 전역을 피로 물들이며 살육을 행했다. 아이리시의 땅을 빼앗고, 그들을 황무지와 다름없는 섀넌 강 서쪽으로 쫓아냈다. 그 후 10년이 채 안 되어 왕정복고 시대

북아일랜드 종교 분쟁의 현장(데리, 데리 주) : 개신교 교회에 쳐진 철조망이 멀리 보이는 가톨릭 성당과
대비되어 북아일랜드 종교 분쟁을 상징적으로 보여 준다. *2005*

세인트피터 교회(St. Peter's Church of Ireland ; 드로이다, 라우스 주) : 크롬웰은 교회 안에 어린이를 포
함하여 천여 명 이상을 가두고 불을 질렀다. *2004*

가 열리고 찰스 2세가 왕좌에 오르면서 가톨릭을 지지하였으나, 신교도들의 강력한 견제로 뜻을 펴지 못한 채 제임스 2세에게 왕권을 물려주었다. 제임스 2세의 적극적인 가톨릭 옹호는 신교도의 강력한 반대를 불러일으켜, 결국 그는 도망치는 신세가 되었다. 그 후 아일랜드는 가톨릭 편인 제임스 2세와 신교도인 윌리엄 3세 사이의 왕위 쟁탈을 위한 싸움터가 되었다.

18세기에 들어서 가톨릭을 차별하는 형법(Penal law)이 만들어지면서, 아이리시는 정치적·종교적 차별을 받아야 했다. 이때 수많은 아이리시가 미국으로 이주하였다. 이들이 소위 앵글로-아이리시(Anglo-Irish)를 구성하고 있으며, 그들의 부와 원주민의 빈곤이 대조가 되었다. 아일랜드를 배경으로 한 영화(This is my father 등) 속에서 사람들이 미국을 낙원이라도 되는 것처럼 생각하는 모습을 묘사한 것은 이와 관련된 것이다.

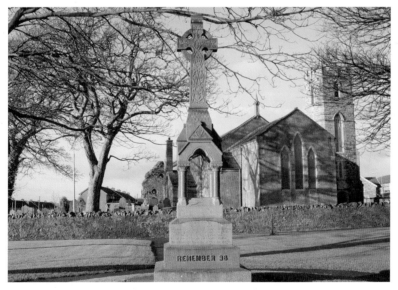

1798년 민중 봉기 기념비(던가반, 워터포드 주) : 동부 지방 곳곳에 1798년 봉기를 기리는 기념비가 세워져 있다. *2005*

감자 기근의 현장(아클 섬, 마요 주) : 감자 대기근으로 수많은 사람들이 굶어 죽거나 고향을 떠나 폐허가
된 마을로, 아일랜드 곳곳에 이와 같이 당시의 참혹상을 짐작하게 하는 장소가 남아 있다. *2003*

　18세기 말에 이르러 아일랜드 인의 연합 단체(The Society of the united Irishman)가 설립되었다. 그들은 1798년에 동부 지방을 중심으로 자치 공화국을 주장하는 민중 봉기를 일으켰으나 실패하였다. 동부를 따라서 곳곳에 1798년을 기억하려는 기념비가 많이 세워져 있다. 1800년에는 영국과의 의회 통합법이 통과되면서 정치적으로 완전히 통합되었다.

　아일랜드의 감자 대기근은 이 무렵의 일이다. 남미에서 유입된 감자는 재배가 쉬워 척박한 땅에서 잘 자랄 뿐만 아니라 단위 면적당 수확량이 밀보다 훨씬 높아, 아일랜드의 주식 작물이 되었다. 그러나 1845년 감자에 퍼진 곰팡이병이 1848년까지 이어지면서 끔찍한 대기근을 가져왔다. 당시 800만 명에 가깝던 인구 중 100만 명이 굶어 죽었고, 100만 명 이상이 고향을 버리고 미국 등으로 떠나야 했다. 아일랜드의 곳곳에는 그 당시의 참혹상을 짐작하게 하는 장소가 여기저기에 남아 있으며 그와 관련된 박물관도 있다. 당시의 기근은 아이리시가 많이 살고 있던 섀넌 강 서쪽에서 특히 심하였다.

아일랜드는 바다로 둘러싸여 있으면서 강대국 영국과 이웃하고 있다. 유라시아 대륙의 서안이라는 점을 빼고는, 지리적으로 우리나라와 비슷한 점이 너무도 많다. 그런 영향으로 수많은 외침과 고난을 겪어야 하였다. 그런 속에서 아이리시 고유의 역사적인 한이 가슴속에 자리하게 되었을 것이다. 영국의 매스컴에서 한국을 '아시아의 아이리시'라고 표현한 것에서도 우리와 공통된 아이리시의 특성을 짐작할 수 있다.

오코넬 동상(더블린). *2005*

독립과 분단을 안고

    몇 년 전에 아일랜드를 여행한다고 하였더니, 불안한 곳이 아니냐고 염려해 주는 사람이 있었다. 물론 지금도 그렇게 생각하는 사람들이 많다. 그러나 아일랜드는 아주 안전한 곳이다. 세계 평화 포럼(2004)에 의하면 아일랜드의 세계 평화 지수는 13위이다. 외국인 대부분은 우리나라와는 비교할 수 없을 만큼 안전한 곳이라고 인식하지만, 많은 한국 사람들 마음속에는 영화 '블러디 선데이(Bloody Sunday)' 가 자리하고 있는 것 같다. '블러디 선데이' 는 1972년의 '피의 일요일' 사건을 다룬 영화로 광주에서의 '5 · 18'

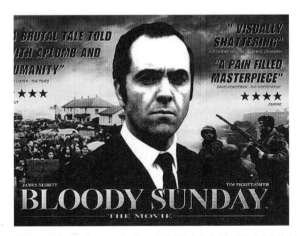

영화 '블러디 선데이' : 1972년 1월 30일 데리에서의 사건을 다큐멘터리 형식으로 다룬 영화이다.

을 연상시킬지도 모른다. 1972년 1월 30일에 데리의 시민들이 평화적 시위를 벌이려 하였으나, 영국 정부가 이를 불법 집회로 간주하여 공수 부대를 투입하고 시위를 진압하는 과정에서 총격이 가해져 13명이 사망하고 도시 전체가 피로 물들었었다.

데리에 들렀을 때 마침 조그만 소요가 발생하였다. 경찰차와 소방차가 요란하게 사이렌을 울리면서 달려갔다. 그러나 소수의 사람들만이 우려하는 표정으로 그곳을 바라보고 있을 뿐 대부분은 관심도 기울이지 않았다. 그 순간 빨리 자동차로 가야 할지 어떨지 고민했던 것이 부끄럽게 느껴졌다. 그러나 이런 정도의 상황도 북아일랜드의 아주 제한된 곳에서의 일이고 대부분은 평화롭다. 가톨릭교도와 신교도가 집중적으로 거주하는 북아일랜드의 일부 지역에는 그 경계가 살벌한 인상을 주기도 한다.

이런 배경을 이해하자면 우선 아일랜드의 독립 과정을 이해해야 한다. 19세기에 들어서면서 독립에 대한 논의가 아일랜드 정치의 중심이 되었다. 그러나 얼스터 지방에서 다수를 차지하던 신교도 중심의 연합론자들 (Unionists)은 가톨릭 국가에서 소수민으로 전락할 것을 우려하여 강하게 반발하였다. 대니얼 오코넬(Daniel O'Connell)은 당시 대표적인 독립 운동가로 아일랜드의 자치를 위해 노력하였으나 실패하였다. 아일랜드의 주요 도시에는 그의 업적을 기리는 기념 동상과 그의 이름을 딴 도로 이름이 많다.

1916년의 부활절 봉기는 어렵게 진행되던 평화 협상을 더욱 어렵게 하였다. 급진파인 아일랜드 의용군과 시민군 2,000여 명이 더블린에서 봉기를 일으켜 공화국을 선언하였으나 실패하였다. 그러나 이 봉기는 독립의 새로운 길을 열었다. 지도자 등의 처형이 무관심하던 주민들의 관심을 불러일으켰고, 독립에 대한 국제적 여론의 지지를 얻었다. 다음 해의 선거에서 봉기파인 신페인당(Sinn Fein)이 승리하였다. 1919년에는 신페인당을 주체로 민족주의자들이 모여 국민 회의를 수립하고 독립 전쟁에 돌입하였다.

가톨릭교도와 신교도의 거주 지역의 경계(벨파스트) : 가톨릭교도 거주지인 폴스 로드와 신교도 거주지인 샨킬 로드 사이에는 철문과 철조망이 있다. *2005*

IRA의 흔적(데리, 데리 주) : 북아일랜드 곳곳에서 IRA의 흔적을 볼 수 있다. *2004*

벨파스트 샨킬 로드 : 샨킬 로드를 따라서 IRA에 의한 테러 등과 관련된 벽화가 남아 있다. *2004*

아일랜드 정부는 이날을 건국일로 하였다. 당시 사령부였던 더블린 중앙 우체국(GPO)에는 독립 선언문이 전시되어 있다.

1919년부터 신페인과 그 군사 조직인 아일랜드 공화국 군대(IRA)는 영국에 대항하여 게릴라전을 벌였다. 진압을 위해 파견된 영국군의 잔혹한 대응은 반감을 더욱 키웠다. 1921년에 영국과 온건파 사이에 아일랜드 자유 국가 협정이 체결되기까지 비극은 그칠 날이 없었다. 조약에는 많은 조건이 붙었고, 북아일랜드 6개 주는 독립에서 제외되었다. 이에 IRA 지도자인 마이클 콜린스는 '나는 내 사형 집행 영장에 서명했다'며 강경한 입장을 취했다. 그 후 이 협약을 받아들이려는 파와 완전 독립을 위해 투쟁하겠다는 공화국파 사이에 내란이 일어났고, 콜린스가 암살되면서 내란은 끝났다. 그러나 이런 불완전한 독립은 북아일랜드 문제의 불씨를 남겨 둔 것이었다.

그 후 50여 년간 아일랜드는 평화로웠다. 1949년에는 아일랜드 공화국이 수립되었고, 영연방에서도 탈퇴하였다. 그러나 북아일랜드에는 여전히 풀리지 않는 문제가 남아 있었다. 신교도는 가톨릭교도를 권력에서 배제시켰고, 1969년에는 양측을 분리하기 위해 영국군을 끌어들였다. 이에 반발해 IRA가 다시 일어났고, 신교도는 민병대를 창설하였다. 1972년의 '피의 일요일' 사건을 포함한 크고 작은 분쟁이 90년대까지 이어졌다. IRA에 의한 테러는 북아일랜드는 물론 영국 본토에서도 종종 발생하였다. 벨파스트의 샨킬 로드(Shankill road)에는 IRA의 폭탄 테러의 흔적 등이 담겨 있는 다양한 정치색의 벽화가 그려져 있다.

1990년대 중반에 들어서면서 평화의 기운이 감돌기 시작하였다. 1993년 영국과 아일랜드 총리 공동의 '다우닝가 선언'은 북아일랜드의 자치와 IRA의 영구적인 휴전을 지지하였다. 1997년에는 영국 총리가 그간 협상에서 배제되었던 신페인의 참여를 제의하면서 평화의 분위기가 고조되었다. 최근까지도 평화를 위한 회담은 계속되었다. 그러나 2004년 말 북아일랜드에서 발생한 은행 탈취 사건은 평화 협정에 먹구름을 드리우고 있다. 신교도는 이 사건이 IRA의 정치 자금 마련을 위한 것이라면서 신페인과의 대화를 거부하려 하였다. 그럼에도 불구하고 2005년 7월 IRA의 '무장 투쟁 중단' 선언은 북아일랜드 문제에 새로운 희망이 되었다.

우리나라에서는 아일랜드를 분단 지역으로 소개하기도 한다. 물론 과거 하나였던 국가에 두 개의 정치 체제가 있으니 분단은 확실하다. 그러나 국경을 표시하는 것은 아무것도 없다. 처음 아일랜드에서 북아일랜드로 넘어갈 때, 국경 표시를 어떻게 하고 있는지 궁금하였다. 그러나 확인을 못한 채로 국경을 넘었다. 북아일랜드에 들어섰구나 하는 것을 알게 된 것은 주유소에서 화폐의 단위가 달라진 것을 보았을 때였다. 후에 관심을 기울이고 찾아보았더니, 도로의 차선 도색 방법만이 국경을 알려 주었다. 아일랜드 도로에서는 가장자리 선이 주황색이고, 북아일랜드에서는 흰색이다. 그 외에 도로 표지판이 국경이 바뀌었음을 알려 주었다.

아일랜드와 북아일랜드의 국경(던달크 북쪽, 라우스 주) : 국경에서 달라지는 것은 차선 표시뿐이며, 그 것을 경계로 노면 상태도
다르다. *2004*

신교도 구역의 건물 보호용 철망과 감시 카메라(데리, 데리 주) :
건물의 창문마다 철망이 쳐 있고 왼편의 철탑에 감시용 카메라가
설치되어 있다. *2004*

가톨릭교도 집중 거주 지역(데리, 데리 주) : 데리의 가톨릭 집중
거주 지역에는 로마 가톨릭 성당이 있으며, 곳곳에 삼색의 아일랜
드 국기가 걸려 있다. *2004*

아이리시에게서 분단의 아픔을 느끼기는 어렵다. 비교적 소요가 잦은 데리와 벨파스트에서도 분단이라는 표현보다는 가톨릭교도와 신교도 간의 대립이라고 하는 것이 옳을 것 같다. 아이리시는 북아일랜드를 마음속에서 아일랜드라고 여긴다. 북아일랜드의 아이리시도 역시 비슷한 감정인 것 같다. 어디서든지 게일릭 게임이 열리는 날에는 북아일랜드에서 응원하러 온 많은 인파를 볼 수 있다. 그러니 제3자가 분단이란 것을 느끼는 것은 거의 불가능하다. 더구나 제3자이기 때문에 이런 문제에 개입하는 것이 어려운 일이며 불필요한 일이기도 하다. 아이리시에게 이런 문제에 대해 질문하려면 너무 어려운 이야기라고 피하려 한다.

데리 성벽에 올라서서 남쪽 방향으로 돌다 보면, 전혀 아일랜드답지 않은 광경이 이방인을 긴장시킨다. 주요 건물에는 철조망이 쳐 있고, 감시 카메라가 골짜기와 그 건너의 작은 언덕을 향하고 있다. 성이 있는 곳은 신교도 집중 거주 지역이고, 반대쪽의 언덕과 그 주변은 가톨릭교도 거주 지역이다. 그 건너에는 정작 아일랜드 영토에서도 보기 드문 삼색의 아일랜드 국기가 펄럭이고 있다.

겔탁트(코네마라, 골웨이 주), 2004

게일 어를 고수하며

　　오랜 비행시간 끝에 더블린 공항에서 어렵사리 승용차를 렌트하고 숙소로 향하는 길은 만만치 않았다. 우선 오른쪽에 앉아서 운전하고 왼손으로 기어를 변속하는 것이 쉽게 손에 익지 않았다. 게다가 우리와는 다른 도로 체계가 더욱 당황스럽게 하였다. 고속도로에만 들어서면 괜찮을 것이라 믿고 있었지만, 역시 당혹스럽게 하는 것이 한둘이 아니었다. 고속으로 질주하는 상태에서 나갈 곳을 찾아야 하는데 이정표의 지명 표시가 그동안의 여행 경험을 무색케 하였다. 이정표의 글자체가 이탤릭체와 고딕체의 두

이정표(도니골 주) : 게일 어(이탤릭체)와 영어(고딕체) 두 가지를 사용한다. *2004*

가지였다. 고딕체의 글자는 비교적 눈에 익은 지명이어서 쉽게 읽을 수 있었으나 이탤릭체의 글자는 낯설어 읽기도 어려웠다.

그때는 고딕체는 주요 지명을 표시하고 이탤릭체는 그보다 작은 지명을 나타낸다고 생각하였다. 그러나 후에 알고 보니, 이정표의 이탤릭체는 게일 어(Gaelic) 표기이다. 우리나라에서 한글과 영어로 지명을 표기하듯이, 아일랜드에서도 게일 어와 영어로 지명을 표시한다.

아일랜드 정부에서는 게일 어를 제1공용어, 영어를 제2공용어로 채택하고 있다. 관공서에서 내보내는 주요 문서와 안내판에는 두 개의 언어를 사용한다. 도로 표지판은 물론 주요 안내판에도 두 개의 언어를 병기한다. 학교의 가정 통신문에도 중요한 것은 게일 어와 영어를 사용한다. 오늘날에도 많은 아일랜드 인이 영어와 게일 어를 사용할 수 있지만, 점차 게일 어를 사용할 수 있는 인구가 감소하는 추세이다.

아일랜드 인은 고유 언어인 게일 어를 사용하였으나, 17세기 이후 영국의 지배가 시작되면서 영어를 사용하기 시작하였다. 그 영향으로 오늘날 아일랜드 인 대부분은 영어를 사용하게 되었으며, 게일 어를 주요 언어로 사용하는 곳은 상당히 제한되어 있다. 이런 지역을 '겔탁트(Gaeltacht)' 라고 하며 마을의 입구에는 'An Gaeltacht' 라는 표시판이 있다. 19세기 초까지만 하여도 200만 가까운 인구가 게일 어를 제1언어로 사용하였으나, 오늘날에는 그 수가 6만 명 정도에 불과하다. 감자 대기근 이후의 이민 행렬이 게일 어 인구의 감소를 초래하였다. 그 외에도 겔탁트 구역 대부분이 가난하고 외딴 곳이란 인상과 빈약한 인프라 등이 인구 감소 요인이 되고 있다. 여행 중 지나치는 겔탁트 구역에서는 종종 '이런 곳에서는 무엇을 먹고 사나' 하는 의문이 머리를 맴돈다. 오늘날에도 겔탁트 구역에서 태어난 게일 어 사용자들이 외국이나 국내의 다른 곳으로 이주하는 경우가 많다.

감자 기근이 끝난 직후인 1851년에 주민의 50% 이상이 게일 어를 사용

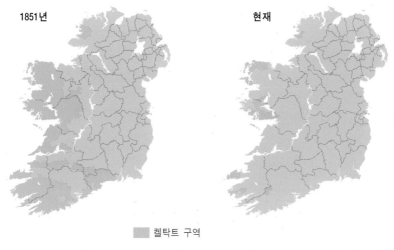

1851년   현재

■ 켈탁트 구역

겔탁트 구역의 분포 변화

하는 지역은 서해안의 마요, 골웨이와 남부의 케리, 코크, 워터포드, 그리고 북서부 지방의 도니골로 대부분 척박한 곳에 제한되었다. 오늘날 그런 지역은 더욱 좁아져서 마요, 골웨이, 도니골 등 서부 지방과 코크, 워터포드, 미스 등의 일부에 산재하고 있다. 아일랜드 서쪽에 위치하는 골웨이 주의 코네마라와 아란 섬, 그리고 딩글 반도는 대표적인 겔탁트 구역이다. 이것은 아일랜드의 토지가 동부로 갈수록 비옥하고 서부로 갈수록 척박한 것과 관련지어 볼 수 있다. 영국에 의한 플랜테이션이 시작될 때 비옥한 곳에 살고 있는 아일랜드 인들을 쫓아내고 그 곳에 신교도를 이주시키는 과정을 되풀이한 결과, 아일랜드 인들은 주로 서부의 척박한 곳에 거주하게 되었다. 그 영향으로 게일 어 사용 지역이 서부 지방에 집중되었다.

아일랜드 정부는 게일 어와 그 고유의 문화를 지키기 위하여 노력하고 있다. 정부 부서에 겔탁트 구역의 업무를 전담하는 부서와 겔탁트 구역의 직업 창출을 위한 부서가 구성되어 있다. 또한 게일 어 전용 방송(*Radio na*

*Udaras na Gaeltachta*에서 지원하는 사업장(코네마라, 골웨이 주) : 겔탁트에는 *Udaras na Gaeltachta* 가 지원하는 다양한 사업장이 자리 잡고 있다. *2004*

Gaeltachta)과 TV(TG4)가 운영되고 있다. 겔탁트 자체에서도 그들의 문화를 지키기 위하여 노력 중이다. 겔탁트 내 경제 · 사회와 문화 등의 개발을 위한 기구(*Udaras na Gaeltachta* ; http://www.udaras.ie/)를 두고 있어, 산업과 고용의 창출은 물론 관련 교육 등을 담당한다. 이 기구가 지원하는 겔탁트 내의 사업장에서 2000년 현재 정규 근로자로 8,183명이 일하고 있으며, 3,604명이 시간제 근로자로 업무에 종사하고 있다. 겔탁트 구역에 있는 소규모의 공장은 거의 이 기구가 지원하는 것이다. 이 사업장에서는 게일 어 사용자에게 우선권을 주며, 업무상에서도 게일 어 사용을 권장한다. 이런 점에서 겔탁트 구역을 아이리시 보호 구역이라고 할 수 있다.

아일랜드에서는 게일 어를 사용하지 않아도 별 불편 없이 살 수 있지만, 교육자가 되기 위해서는 게일 어를 할 수 있어야 한다. 대학 임용의 마지막 단계까지 온 한 학자가 정장 차림을 하고 '게일 어 시험을 보러 간다' 고 하던 모습이 인상적이었다. 자기 나라의 교육자가 되기 위해서 자기 나라의

겔탁트 구역의 이정표(Casla, 골웨이 주) : 겔탁트 구역의 도로에는 게일 어만을 사용한 이정표가 대부분
이다. *2004*

고유 언어를 시험받는 것은 당연한 일이다. 우리나라에서는 교육자가 되기
위한 과정에서 국어 사용 능력이 전혀 문제되지 않는 것과 비교된다.

겔탁트에는 게일 어를 배우려는 아이리시를 위한 여름철 캠프가 운영된
다. 골웨이 주의 아란 섬과 워터포드 주의 링(Ring)은 그 대표적인 곳이다.
여름철의 아란 섬은 아이리시를 배우려는 젊은이들과 수많은 외국인 관광
객이 찾는 아일랜드 유수의 관광지이다. 대부분 젊은 학생들로 구성된 캠
프 참가자들은 한 달 가까운 기간 동안 합숙하면서 게일 어와 아이리시의
고유 문화를 익힌다.

겔탁트 구역의 이정표에는 게일 어만을 사용하기도 하여 이방인을 당황
스럽게 만들기도 한다. 그러므로 겔탁트를 여행하려면 최소한 지명이라도
이해할 수 있어야 한다. 또한 겔탁트 구역에서는 화장실을 잘못 사용하는
경우가 가끔 발생한다. 화장실의 남녀 표시를 게일 어로만 하기 때문이다.
공교롭게도 게일 어로 남자를 뜻하는 단어가 'f' 자로 시작되는 fir이며, 여

겔탁트의 화장실 표지 : 화장실의 남녀 표시를 게일 어로만 하는 경우가 있어 혼란스러울 수 있다. *2004*

자는 'm' 자로 시작되는 mna이어서, 자세히 살피지 않으면 실수하기 쉽다.

겔탁트 구역의 한 호텔에서 화장실을 찾았을 때의 일이다. 'm' 자만 보고 들어간 화장실은 호텔답게 아주 깨끗한데 남자 용변기가 없었다. '뭐 이런 곳이 다 있지, 참으로 이상하기도 하다' 고 생각하면서 화장실에 앉아 있는데 밖의 분위기가 심상치 않았다. 분명히 여자들이 들어와 있는 것 같았다. 혹시나 하면서 나왔더니, 아니나 다를까 모두 여자들이었다. 마치 '너, 그럴 줄 알았다' 라는 표정으로 쳐다보고 있었다. 누구도 놀라는 기색 없이 오히려 '이런 일이 자주 발생하니 걱정하지 말라' 고 위로를 했다.

아일랜드 대부분의 학교에서는 영어를 사용하고 있으나, 골웨이 주 등 주로 겔탁트에는 게일 어를 전용어로 하는 학교가 많다. 겔탁트의 학교는 대부분 그 규모가 작고, 영어를 사용하는 학교에서도 모든 학생들에게 게일 어 시간이 배정되어 있다. 아일랜드의 학제는 우리와 크게 다르며, 세컨

겔탁트의 학교(코네마라, 골웨이 주) : 겔탁트의 학교는 대부분 규모가 작다. *2004*

더리 스쿨은 우리나라의 중·고등학교를 합해 놓은 것과 같다. 세컨더리 스쿨 5학년이 되면 우리나라의 대학교와 비슷하게 학생들이 자신의 진로에 맞게 수강 과목을 선택한다. 그러나 게일 어는 영어, 수학, 외국어(학교에 따라서 다르며 유럽 어 중에서 선택한다)와 함께 필수 과목이며, 세컨더리 스쿨 5학년의 경우 주당 5시간이 배정되어 있다. 그런 가운데도 상당수는 게일 어 시간을 지루해하거나 게을리 하는 경우가 적지 않은 것이 현실이라고 한다. 지금과 같은 상태가 계속된다면, 정부의 적극적인 아이리시 보호 정책에도 불구하고 게일 어 사용 인구는 더욱 줄어들 것 같다.

아이리시의 가족사진. 이은영, 2005

어디서나 어린이를……

　아일랜드에는 소형 승용차가 많다. 자동차 값이 우리나라의 두 배에 가까우니 그럴 수밖에 없을 것 같다. 제도적으로도 배기량이 적은 차를 타는 것이 유리한 경우가 많다. 그런 중에 소위 RV(레크리에이션용 차량) 차량은 많은 편이다. 출근길에 그런 차 안을 들여다보면 4, 5명의 아이들이 타고 있는 경우가 흔하다. 대부분의 가정에 어린아이가 많기 때문에 그런 차종이 인기가 높다. 어린아이가 많은 것을 반영하듯, 거리에서는 두 아이가 동시에 탈 수 있는 유모차도 흔히 볼 수 있다.

　시골의 민박집(B&B)은 노인들이 운영하는 경우가 많다. 그런 민박집에 들어서면 답사를 하다 차라도 한 잔 얻어 마실 생각으로 들렀던 우리나라의 시골집이 떠오른다. 눈에 띄기 쉬운 벽에 걸어 놓은 여러 장의 가족사진을 모은 액자가 그렇다. 대부분의 경우 그 중에 전체 가족사진이 포함되는데, 그 수가 몇 명인지 세어 보아야 알 수 있을 정도로 가족이 많다. 자녀의 수만 10명이 넘는 경우가 흔하며, 웬만한 가정이면 다 그 정도의 자녀를 두고 있다. 그러나 세대 간에 차이가 커서 오늘날에는 자녀의 수가 점차 줄고 있다. 그렇지만 우리의 현실과 비교하면 아직도 자녀의 수가 많은 편으로, 대부분 3~5명이다.

　이렇게 많은 가족이 적어도 일 년에 한 번은 모두 모인다. 크리스마스 휴가철이 되면 전 세계에 흩어져 있던 가족이 모두 모여든다. 더블린 국제공

크리스마스 밤의 시내 상가(골웨이 주) : 평상시에는 인파가 넘치는 거리이지만 크리스마스 이브부터 이틀 동안은 인적이 거의 없다. *2004*

항도 이때가 되면 마치 우리나라의 추석이나 설 연휴를 연상하게 할 정도로 붐빈다. 크리스마스 전날은 추석 대목을 연상시키듯이 대부분 시내 도로가 꽉 막혀 있고 상가는 북적거린다. 대형 슈퍼마켓에는 '물건 사재기'라도 하듯이 인파가 몰려들어 오후 늦은 시간이 되면 고기와 빵, 술 코너는 거의 텅 비어 버린다. 크리스마스와 그 다음 날(St. Stepahen day)은 모든 상가가 빠짐없이 문을 닫는다. 그러니 크리스마스 이브부터 다음 날까지는 거리에서 인적을 보기 어렵다. 간혹 문을 연 주유소가 있을 뿐, 도시와 마을은 그저 고요하기만 하다. 이방인이라면 끼니를 굶을 수밖에 없다. 아이

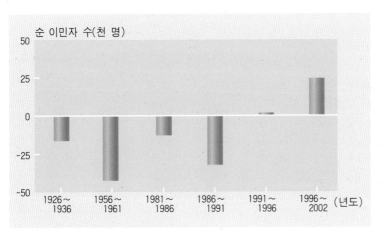

순 이민자 수(천 명)

인구센서스 기간별 연평균 순 이민자 수의 변화

리시 가족들은 모두 집에 모여 하루 종일 술과 칠면조가 마련된 디너를 즐기면서 이야기를 나눈다. 마치 우리의 추석날 큰집에 모여 앉아 이야기를 나누듯이.

자녀 수가 많은 것은 인구 증가율에 그대로 반영된다. 최근 아일랜드의 인구 증가율은 2.2%로 우리(0.6%)의 네 배에 가깝다. 선진국 대부분의 인구 증가율이 1%에 못 미치는 것과 비교할 때 꽤나 높다. 이와 같은 인구의 성장은 자연 증가와 사회적 증가에서 모두 나타난다. 1960년대 이후 자연 증가율이 +를 기록하기 시작하였고, 1990년대 이후 사회적 증가율도 +를 기록하고 있다. 1980년대 이후 외국으로 나가는 이민자 수가 급격히 줄고, 반대로 아일랜드로의 이주가 크게 늘고 있다. 최근에는 미국 등지로 이민을 떠났던 아이리시의 역이민자 수가 크게 늘고 있다. 2004년 폴란드, 체코, 슬로바키아 등 10개국이 새로 회원국이 되는 등 EU가 확대되면서, 동구권으로부터의 인구 유입도 늘고 있다. 시내의 거리에서 동구권 사람들을 만나는 일이 아주 흔하다.

산촌(케리 반도, 케리 주) : 아일랜드는 도시를 벗어나면 대부분 산촌이다. *2004*

　2003년의 아일랜드 총인구는 거의 400만에 이르고 있다. 그 숫자만 본다면 우리나라의 전라 남·북도를 합한 정도(약 390만)로 인구 밀도는 우리나라의 478명/km²에 크게 못 미치는 56.6명/km²이다. 그러므로 도시를 벗어나면 우리나라에서와 같이 가옥이 한곳에 모여 있는 경우보다 초록의 들판 사이 여기저기 흩어져 있는 산촌(散村)이 많다.

　거리에서 어린아이를 데리고 다니는 여자가 그 아이의 엄마인지 할머니인지 구별하기 어려운 경우도 꽤 있다. 종교적 제약으로 낙태와 피임을 제한하기 때문에, 늦둥이를 두게 되는 경우가 많다. 게다가 십대가 애를 키우는 경우도 흔하다. 우리의 고등학교 격인 학교에 애를 키우는 학생이 있는가 하면, 초등학교 교장 선생님이 손자 같은 아이를 데리고 학교 행사에 참여한 것을 보고 깜짝 놀란 적도 있다. 아일랜드 인의 88.4%가 가톨릭 신자이므로 임신 중절 등을 거의 행하지 않는다. 과거에는 피임 기구도 판매하

타운 중심에 있는 성당(켄메어, 케리 주) : 아일랜드 대부분의 타운 중심에는 성당이 자리 잡고 있다. 아일랜드 인의 88.4%가 가톨릭 신자로 낙태와 피임의 제한을 받는다. *2004*

지 않았다고 한다. 국적에 관한 제도도 임신한 여성이 자주 눈에 띄게 되는 요인이다. 국적 취득에 관하여 출생지주의를 채택하고 있어서, 아일랜드에서 출생하면 바로 시민권이 주어진다. 그래서인지 자녀가 시민권을 취득할 수 있도록 아일랜드에서 출산하기를 원하는 외국인이 꽤 있어 보인다.

아일랜드 정부는 헌법에 종교의 자유를 보장하고 있지만, 가톨릭은 아이리시의 삶에 적지 않은 영향을 미쳤다. 대부분의 큰 마을 혹은 타운 등에는 마을의 중심에 성당이 자리하고 있으며, 그 성당이 실질적으로 중심지 역할을 한다. 과거에는 결혼을 위해서 성당 신부의 허가가 필요하였으며, 신랑, 신부는 그 허가를 받기 위해서 매주 정해진 시간에 성당 신부로부터 결

장례식 행렬 : 장례식은 우리나라에서처럼 엄숙하게 진행되며, 긴 행렬이 이어진다. *2004*

혼과 관련된 교육을 받아야 했다. 오늘날에도 혼인 신고를 위해서는 신부의 확인서와 증인 세 명이 필요하며, 결혼을 하려는 사람은 그가 거주한 적이 있는 마을의 성당 신부에게 자신이 과거에 결혼한 적이 없다는 사실 확인서를 받아 와야 한다.

장례식도 성당에서 추도 미사가 한 시간 정도 이루어지며, 그 후 묘지까지 긴 행렬이 이어지는 것은 우리나라의 장례 행렬을 연상하게 한다. 아일랜드의 장례 절차는 우리나라 못지않게 엄숙하게 진행되며, 그 행렬을 무엇보다도 우선시한다. 작은 타운에서 종종 발생하는 교통 체증은 장례식과 관련된 경우가 많다. 또한 가톨릭 종교 단체가 운영하는 학교가 많고, 종교 시간이 교과목으로 운영되고 있다. 그 내용은 우리의 도덕에서 다루는 것과 비슷한 점이 많다.

늦게 출근하고 늦게 퇴근하는 습관을 갖고 있는 나도 아일랜드에서는 그게 불가능하였다. 아침에 아이들을 학교에 데려다 줘야 했기 때문이다. 아일랜드에서 어린이는 법적으로 보호를 받을 뿐만 아니라, 관습적으로 우대된다. 어린이의 등하교에는 대부분의 경우 부모 중 누군가가 동행해야 한다. 부모는 어린이를 교실 앞까지 데려다 주며, 학교가 끝나면 교실에서 그 아이를 데리고 나온다. 그래서 등하교 시간이 되면 학교 주변의 좁은 도로는 거의 주차장과 다름없는 북새통을 이룬다. 학교 주변의 대부분 도로에서는 자동차의 주차가 허용된다. 십중팔구는 주차 금지 구역까지도 주차를 하게 마련이지만, 어린이를 데리러 온 경우는 거의 단속하지 않는다. 자동차를 타고 그런 곳을 지나려면 인내심이 필요하며, 경적을 울리는 사람은 아무도 없다. 오히려 대부분의 시민들은 등교하는 어린이를 태운 차를 우선으로 보내주려고 한다.

초등학교의 하굣길 모습(골웨이) : 초등학생들이 등하교 시에 부모들과 동반하기 때문에 동시에 수많은 자동차가 몰려든다. *2004*

롤리팝 맨 : 초등학생들의 등하교 시간에는 롤리팝 맨이 정지 표지판을 들고 길 건너기를 도와준다. *이은 영, 2004*

　학교 주변의 건널목에는 자원 봉사자인 롤리팝 맨(lollipop man)이 등하교 시간에 어린이가 길 건너는 것을 도와주고 있다. 롤리팝 맨이란 자원 봉사자가 들고 있는 정지 표지판이 롤리팝이란 사탕의 모양과 같아서 붙여진 이름이며, 어떤 봉사자들은 그 사탕을 길 건너는 아이들에게 나누어 주기도 한다.

　공공장소에서도 대부분 어린이를 우선한다. 줄을 서서 기다리는 경우, 어린이를 동반한 일행에게 우선권을 준다. 좌석이 지정되지 않는 비행기를 탈 때, 어린이를 동반하면 좋은 자리를 잡을 수 있다. 아일랜드에서 지내는 동안, 한국에서라면 상상하기 어려울 정도로 아이들을 위해 시간을 쓴다고 여겼다. 애들의 친구들이라도 오는 날에는 더욱 노력을 기울였다. 그런데도 아이 친구들은 돌아가면서 '왜 너희 아빠는 아무것도 안 하냐?' 고 할 정도이다. 그만큼 아이리시 아버지들은 아이들을 위해 살고 있는 것 같다.

어린이는 어디에 가든지 보호자를 동반하도록 하고 있는 것도 보호를 위한 것이다. 심지어 어린이 놀이터에 갈 때도 보호자를 동반해야 하며, 어린이용 상업 놀이 시설을 이용하려고 할 때도 보호자가 있어야 한다. 이런 것은 어린이의 사회 문제를 방지하는 데도 큰 역할을 하는 것으로 보인다.

약속을 정하는 경우, 가족과의 선약이 있으면 그것을 최우선으로 한다. 특히 어린이와의 약속이라면 무엇보다도 소중하게 여긴다. 이는 아이리시가 상당히 가족 중심으로 생활하는 것으로 비쳐지는 요인이다. 실제로 아이리시는 무척 가족적이다. 대부분의 공공요금에는 가족 요금이 있으며, 아주 저렴하다. 가족을 소중하게 여기는 일면을 보여 준다. 한 아이리시가 '한국인이 제일 중요하게 생각하는 게 무엇이냐' 고 묻길래, '일' 이라고 답하였다. 그랬더니 '아이리시는 신이 제1이다' 라고 하였다. 두 번째를 물었을 때도 '일' 이라고 답하였더니 놀라면서 아이리시는 '가족' 이라고 하였다. 평균적인 한국인은 몇 번째쯤 '가족' 을 생각할까 짐작해 보았다.

어린이가 많기 때문에 가족 중심으로 움직일 수밖에 없을 것이란 생각도 든다. 슈퍼마켓이나 길거리에서 아기를 안고 있거나 유모차를 밀고 있는 남자들을 쉽게 볼 수 있다. 그리고 아주 어린 아이가 그 옆에서 걷고 있다. 이와 같은 가족 중심의 생활이 아일랜드를 살기 좋은 나라 1위로 평가받게 하는 데 상당히 기여하였을 것이다. 한 아이리시는 한국의 가정에 자녀가 한 명 혹은 두 명이란 말에, '그러고도 가정이 유지될 수 있냐' 는 의문을 갖기도 하였다.

야외의 펍. 2004

이야기가 넘치는 펍에서

아이리시는 술을 즐기는 것이 우리와 비슷하다. 답사를 하다 차라도 한 잔 마실 생각으로 펍에 들러 보면, 많은 이들이 맥주잔을 앞에 놓고 흥겨운 표정으로 이야기를 나누거나, 한쪽에서 당구 등의 놀이를 즐기고 있다. 마치 우리의 시골 주막집에서 동네 사람들이 모여 앉아 이야기를 나누는 것과 비슷한 장면이다. 펍(pub ; public house)은 아일랜드와 영국 등에서 쉽게

시골의 펍 : 펍에 동네 사람들이 모여 앞에 맥주잔을 올려놓고 앉아 흥겨운 표정으로 이야기를 나누거나, 한쪽에서 당구 등의 놀이를 즐기고 있다. 이은영, *2004*

볼 수 있는 술집이다.

동네에서 벌어지는 작은 행사에서도 손에 맥주를 들고 있는 모습을 흔히 볼 수 있다. 통계 자료가 이런 사실을 잘 보여 준다. 최근의 자료에 의하면 아일랜드 인의 일 인당 연간 알코올 음료 소비량이 10.8리터로 세계 4위를 기록하였다. 우리나라도 그 양이 10리터에 가까우니 음주에 관한한 거의 비슷한 수준이다.

아이리시의 술 문화에는 우리와는 다른 몇 가지가 있다. 아일랜드에서 지내는 동안, 매주 한 번씩 음악 그룹이 라이브 공연을 하는 펍을 즐겨 찾았다. 공연이 있는 목요일 밤 10시부터 12시까지는 펍 안이 발을 옮기기도 어려울 정도로 북적거린다. 동네 사람은 물론 관광객 등이 어우러져 흥겨운 분위기가 이어진다. 하루는 그 자리를 찾은 머리가 하얀 노인이 마이크를 잡고 그 그룹과 같이 노래를 했다. 그 옆에서는 배 부분을 거의 다 드러낸 십대 후반의 젊은 여학생들이 같이 흥을 돋우고 있었다. 이런 모습이 우리와 크게 다른 면이다. 우리나라에서는 70대 노인이 찾는 술집에서 10대는커녕 40대를 보기도 어렵다. 물론 그 반대로 20대가 주류인 술집에 40대의 사람은 어딘가 어울리지 않아 보인다. 그런데 아일랜드의 펍에서는 세대를 초월하여, 같이 혹은 옆 자리에서 서로 어색하지 않은 모습으로 술을 마시고 이야기를 나눈다. 물론 머리가 하얀 아저씨가 나나 아이들에게 가볍게 말을 걸어오는 것은 아주 흔한 일이었다. 세대 간의 결합이 쉽지 않은 우리에게는 부러운 모습이다.

술을 마시고 안 마시고는 전적으로 손님에게 달려 있다. 술이 좋은 사람은 얼마든지 마실 수 있지만, 그렇지 않은 경우는 한 잔을 놓고 몇 시간이라도 즐길 수 있다. 술이 싫으면 그냥 앉아서 분위기를 즐길 수도 있다. 억지로 술을 권하는 사람도 없다. 그래서 아일랜드에는 음주로 인한 후유증이 적어 보인다. 처음 그런 곳을 찾았을 때, 기네스 한 잔으로 두 시간 가까

펍에서의 라이브 공연 : 대부분의 펍에서는 매주 한 번씩 라이브 공연이 있으며, 그런 밤에는 더욱 사람들이 몰려 북적인다. *2004*

다양한 세대가 모인 펍 : 아일랜드의 펍에서는 세대를 초월하여 같이 혹은 옆 자리에서 서로 불편 없이 술을 마실 수 있는 것이 우리와 크게 다른 모습이다. *2004*

이 라이브를 즐길 수 있는 것이 신기하였다. 많은 사람들이 그 한 잔을 앞에 놓고 오랫동안 이야기꽃을 피운다. 그럴 수 있기 때문에 누구든지 부담 없이 펍을 찾을 수 있는 것 같다. 우연히 만난 한 한국인은 안주 없이 맥주 한 잔 놓고 몇 시간을 버티는 상황을 도저히 이해할 수 없다고 고개를 흔들었다. 그러나 안주를 먹으려 해도 메뉴조차 없다. 꼭 필요한 경우에는 다른 가게에서 안줏거리를 사 와야 한다.

북적거리는 펍에서 담배라도 피워 댄다면, 탁한 공기 때문에 아무리 좋은 분위기여도 오랜 시간을 견디기 어려울 것이다. 다행스럽게도 펍에서는 금연이다. 공공장소 어디에서든지 담배를 피울 수 없다. 아일랜드 정부는 2004년 3월 29일부터 공공장소에서의 금연법을 만들었다. 이방인의 눈에 아일랜드 인은 모두 애연가라고 여겨질 정도로 담배를 즐긴다. 흡연에는 남녀노소의 구별이 없다. 십대들도 길거리에서 자연스럽게 담배를 피운다. 심지어 유모차를 밀고 있는 애 엄마도 담배를 물고 있는 경우가 허다하다.

그래서 금연법을 제정할 때 펍 주인들은 물론 애연가들의 불평이 적지 않았다. 그러나 모두 잘 지키고 있다. 대신 펍의 입구에 흡연 공간을 두고 있다. 일부 펍에서는 아예 야외에 테이블과 의자까지 마련하고 있다. 여름철에는 이런 공간이 더욱 인기를 누린다.

늦은 밤 인파가 북적거리는 펍의 입구에서는 우리와 비슷한 광경도 볼 수 있다. 입구에 출입을 통제하는 사람이 서 있어서 펍으로 들어가려는 십대와 실랑이가 벌어진다. 저녁 9시 이전에는 누구든지 펍의 출입이 가능하나 그 이후에는 제한하며, 9시 이전에도 미성년자에게는 술을 팔지 않는다. 늦은 시간에 펍에서 나오는 사람들을 쫓아가다 보면 다시 다른 펍으로 들어가는 모습도 역시 낯설지 않다. 그러나 일행과 가지 않고, 혼자 다른 펍으로 가는 경우가 대부분이다.

펍에서는 다양한 종류의 술을 마실 수 있으나, 그중 기네스의 인기가 높

기네스 맥주 : 펍에서는 일반적으로 기네스 맥주를 파인트와 글라스 단위로 판매하며, 사진은 파인트이다. *2004*

다. 기네스는 흑맥주로 1759년에 기네스(Guinness)라는 사람에 의해서 만들어졌으며, 오늘날 세계적인 맥주의 대열에 들어 있다. 기네스는 보통 파인트라는 단위로 마신다. 짙은 검은색을 띠고 위에 하얀 거품이 뜨는 것이 특징으로, 이 거품이 그 맥주를 다 마실 때까지 사라지지 않고 남아 있다. 아이리시는 기네스 맥주를 자랑스럽게 여기며, 기네스 회사에서는 기네스 문양을 넣은 다양한 기념품을 만들어서 팔고 있다.

아일랜드에서 생활하는 동안 큰 부담 없이 아이리시 위스키를 마실 수있는 것이 즐거움의 하나였다. 한국에서도 들어본 이름의 상표이지만, 한국에서 사는 값의 절반 이하로 마실 수 있어서 행복하였다. 펍에서는 맥주도 마시지만 역시 가볍게 아이리시 위스키를 마시기도 한다. 병으로 시켜놓고 마시는 사람은 없다.

물이 좋기도 하지만 이름 있는 위스키 공장이 3개나 있는 것으로 보아, 아이리시는 역시 술을 즐기는 민족이란 생각이 든다. 위스키를 즐기는 이라면 귀에 익었을 만한 부시밀즈(Bushmills), 제임슨(Jameson), 듀(Dew)가 그

아이리시 위스키 공장(부시밀즈, 앤트림 주) : 아이리시 위스키는 세 번 정제하여 맛이 깨끗하다고 알려져 있다. *2005*

것이다. 아일랜드는 위스키로 명성이 높은 스코틀랜드와 자연조건이 상당히 비슷하다. 영국의 지배하에서 만들어졌다는 점도 비슷하다. 위스키의 본고장과 다름없는 스코틀랜드로 가는 카페리를 타 보면 아이리시가 쉽게 구별된다. 그들은 스카치위스키 맛이 아이리시 위스키만 못하다며, 배에서 미리 아이리시 위스키를 준비한다. 아이리시 위스키는 아일랜드에 넓게 덮여 있는 보그층을 통과하면서 정제된 깨끗한 물로 만들진 것이 강점이다. 거기에는 보그층 특유의 향이 배어 있다고 한다. 스코틀랜드의 보그는 아일랜드의 것보다 훨씬 얇다. 아이리시 위스키는 스카치위스키와 달리 세 번 정제하였기 때문에 맛이 순수하고 깨끗하다고 한다.

겨울철의 펍에는 벽난로에서 타고 있는 토탄 향기가 그윽하다. 장작불을 지펴 놓고 그 가장자리에 둘러앉아 막걸리 등을 마시던 지난날 우리의 모습이 떠오르기도 한다. 토탄은 '따닥따닥' 하는 특이한 소리와 함께 많은 연기를 내뿜으며 타지만, 그 연기는 굴뚝을 통하여 모두 밖으로 빠져나간

펍의 벽난로 : 아일랜드의 펍에는 어디든 벽난로가 있고, 토탄이 그윽한 향을 내면서 타고 있다. *2004*

높은 굴뚝(트림, 미스 주) : 아일랜드의 가옥에는 대부분 높은 굴뚝이 있다. *2004*

오래된 펍 : 동네의 웬만한 펍은 그 역사가 100년이 훨씬 넘는다. 사진의 왼편으로 1853이라는 개업 연도
가 보인다. *2004*

다. 집의 구조가 연기가 잘 빠져나가도록 설계되어 있는 것 같다. 굴뚝을
빠져나온 연기가 온 동네를 덮고 있어서, 항상 그 특유의 향이 덮여 있다.
토탄과 함께 조그만 석탄 조각을 같이 태우는 경우가 많아서, 그 연기가 심
할 때 비라도 내리는 날이면 기관지가 약한 사람은 다소 힘들 정도로 메케
하다. 또한 어느 가정집에나 거실에 벽난로가 설치되어 있다. 요즘에는 가
스난로를 때는 경우도 있으나, 거의 대부분은 전통적인 토탄을 태운다.

펍에 앉아 있는 사람들은 우리가 그러듯이 온갖 종류의 이야기를 즐기고
있다. 무슨 이야기가 오고가는지는 몰라도 심각한 이야기보다는 가벼운 이
야기를 주고받는 것 같다. 웃음이 거의 끊이지 않는다. 때로는 좀 소란스럽
게 느껴지기도 하지만, 아무도 거부감을 보이지 않는다. 이런 모습은 오랜
세월을 거쳐 온 듯하다. 동네의 웬만한 펍은 그 역사가 100년이 훨씬 넘는
다. 오늘날 펍의 벽에 걸린 대형 TV 화면에서는 축구나 게일릭 게임이 중

계되고 있다.

휴일에는 게일릭 경기의 중계가 대부분이다. 벽에 매달린 스피커에서는 귀에 익은 듯한 아이리시 전통 음악이 흘러나온다. 착각인가 싶어서 우리의 전통 음악 몇 가지를 들려주었더니 아이리시도 역시 비슷한 반응을 보였다. 그들의 음악 속에도 뭔가 모를 '한'의 역사가 담겨 있는 듯하다.

과거에는 마을 사람들이 펍에서 중요한 회의를 열기도 하였다. 시골의 펍에서는 가끔 일요일 저녁에 동네 사람들이 모여서 전통 음악과 함께 아이리시 댄스파티가 열리기도 한다. 그래서 대부분의 시골의 펍에는 댄스를 즐길 수 있게 바닥이 매끄러운 공간이 따로 있다. 물론 여기에도 남녀노소의 구별이 없다. 영화 '타이타닉'에서 귀족인 여주인공이 남자 주인공을 찾아 내려간 3등실 사람들이 마시고 있는 것이 기네스이며, 그들의 흥겨운 장면이 바로 아이리시 댄스이다.

어떤 마을이라도 펍이 있을 만큼 그 수가 많다. 더블린에는 약 1,000개의 펍이 있다고 한다. 더블린 인구가 약 100만 명이니 인구 1,000명당 하나의 펍이 있는 샘이다. 그만큼 아일랜드 사람들은 펍을 즐긴다. 아일랜드를 소개하는 책이나 웹 사이트에 펍을 찾아보라는 내용이 꼭 포함되어 있는 것도 당연하다. 아이리시의 문화는 펍에서 시작된다고 해도 과언이 아니다. 역시 이 책에서도 아일랜드를 찾는 사람이라면 누구든지 펍에 들러 보기를 권한다. 그것도 한 번이 아니라 여러 차례 들러 보면 더 많은 것을 볼 수 있을 것이다.

펍에서는 누구라도 쉽게 친해진다. 나도 여러 차례 기네스나 차를 같이 마시자는 청을 받은 적이 있다. 또 쉽게 편한 이야기를 걸어온다. 펍 주변을 서성이고 있으면 술을 마시고 싶냐고 말을 거는 이도 적지 않다.

시골의 게일릭 경기장. *2004*

누구나 스포츠를 ……

아일랜드에 도착해서 먹고 사는 일 외에 가장 먼저 한 일이 막내를 축구 클럽에 보내는 일이었다. 비싼 물가에 기가 죽어 지낼 때였지만 보내야 한다는 분위기였다. 아일랜드 사람들과 대화를 하면 자연스럽게 '무슨 운동을 즐기냐'는 질문을 받게 된다. 그들은 운동을 취미 생활로 즐기며, 그 수준이 꽤나 높아 보인다. 운동을 하지 않고는 사람을 사귀기 어려울 정도이다. 초등학교 저학년생조차도 게일릭 경기를 할 수 있어야 친구를 사귈 수 있을 만큼 운동이 생활화되어 있다. 또한 아무리 작은 마을이라도 대부분 게일릭 경기를 할 수 있는 운동장이 있다. 그리 멀지 않은 곳에 실내경기를 할 수 있는 시설도 마련되어 있다.

휴일이면 다양한 세대의 사람들이 마을의 운동장에 모여 운동을 즐긴다. 초등학생 이하부터 성인에 이르기까지 다양한 그룹이 경기에 열중한다. 푸른 잔디밭에서 공을 차는 모습이 맨땅이라서 넘어지는 것을 두려워해야 하는 우리의 현실과는 거리가 멀다. 아일랜드는 연중 비가 고르게 내리고 기온이 높아, 항상 푸른 잔디를 유지할 수 있다. 게다가 잔디 종자가 우리 것과 달라서 빨리 자란다. 여름철에는 2주마다 잔디를 깎아 주어야 하며, 심지어 겨울인 12월에도 잔디 깎는 모습을 볼 수 있다.

아일랜드 인들은 운동을 적극적으로 즐긴다. 우리와는 인구 규모와 운동에 대한 전통이 다르기 때문에 두 나라를 비교하는 것은 쉽지 않다. 그러나

게일릭 경기가 열리는 날의 타운 입구 : 게일릭 경기가 열리는 날은 타운 안은 물론 입구까지의 모든 도로가 주차장이다시피 한다. *2004*

단순하게 경기에 참여하는 정도만 봐도 우리와는 크게 다르다. 대부분의 경기가 그렇지만, 게일릭 경기가 열리는 날이면 도시와 그 주변은 교통 체증으로 몸살을 앓는다. 타운의 경우에는 그곳으로 들어가는 모든 입구까지 자동차가 줄을 잇고 있으며, 경찰이 있어도 거의 단속하지 않는다. 설령 주차 단속을 한다고 해도 그런 곳에 차를 세우고 경기를 관람할 정도의 열정이 그들에게는 있다.

경기가 끝나고도 한동안은 그 도시나 타운의 펍과 주변에 열광했던 관중들의 흥이 그대로 살아 있다. 수많은 사람들이 동네의 펍에 모여서 기네스를 마시면서 경기 결과에 대하여 이야기하고 경기장의 분위기를 이어 간다. 좀처럼 자동차의 경적을 울리지 않는 아일랜드 인들도 그런 날은 경적을 울리면서 승리를 축하한다. 동네 팀이 승리하자 응원에서 돌아와 집 앞에 모닥불을 피워 놓고 축하 파티를 열고 있는 모습을 본 적도 있다.

관중들은 경기의 규모에 관계없이 열광적으로 응원을 한다. 어떤 경기이건 간에 우리나라의 국가 대표팀 경기에서 볼 수 있을 정도로 열렬히 응원에 참여한다. 같은 주에 속하는 타운 간의 친선 경기인데도 마치 A매치라도 열리는 것으로 착각할 정도로 많은 관중이 모여들고 열광한다. TV 화면을 통해서 볼 수 있는 우리나라의 프로 축구 경기장의 관중석 모습과는 크게 다르다.

우리나라에 동네마다 조기 축구회가 있듯이 아일랜드에도 동네마다 축구 클럽이 운영된다. 그러나 그 규모는 우리의 조기 축구회와는 사뭇 다르다. 각 축구 클럽은 대부분 8세 이하의 팀에서부터 성인 팀에 이르기까지 나이별로 운영된다. 각 팀별로 전문 코치가 참여한 가운데 날씨에 관계없이 매주 1시간 30분~2시간의 훈련을 쌓는다. 야외에서 경기를 하기 어려울 때는 실내에서 훈련을 계속 이어 간다. 여름철에는 세계적으로 유명한 축구 선수를 초빙하여 섬머 캠프를 열기도 한다. 동네의 축구 클럽에서는 대부분 여성 팀이 따로 운영되며, 어린이 팀은 남녀 혼성으로 운영되기도 한다. 또한 경기를 할 때면 승리에 관계없이 전 팀원이 모두 참여할 수 있도록 선수를 자주 교체한다. 그러나 승리한 것을 즐거워하고, 패하였을 때 아쉬워하기는 우리와 마찬가지이다.

주니어 팀 이상이 되면 정규 리그에 참여하기도 한다. 정규 리그는 4개로 나뉜 각 지방의 리그와 주별 리그 등이 있어서 연중 리그가 이어진다. 동네의 축구 클럽에서 선수를 선발하여 주나 도시 혹은 타운의 대표팀을 구성하며, 이들은 전국 리그에 참여한다. 2004년 현재 전국 리그의 대표적인 것은 22개 팀이 참여하고 있는 에리콤 리그가 있으며, 10개 팀이 참여하는 프리미어 디비전과 12개 팀이 참여하는 퍼스트 디비전으로 구성된다.

가장 아이리시적인 경기는 역시 게일릭 축구와 헐링이다. 이 경기에 대한 아일랜드 인들의 반응은 우리로서는 상상하기 어려울 정도이다. 예순이

지역 유소년 축구 클럽의 경기 : 여자 어린이들도 남자들과 똑같은 수준으로 경기에 참여한다. *2004*

훨씬 넘은 노인들이 샌드위치로 끼니를 때우면서 장거리 원정 응원을 떠나기도 한다. 골웨이에서 게일릭 경기가 열리는 날에 북아일랜드에서 원정 온 노인들을 쉽게 볼 수 있다. 북아일랜드에서 골웨이까지는 최소한 200km가 넘는다. 게일릭 경기는 서부에서 더욱 강하다. 서부 지방에서 만난 한 아일랜드 인은 축구는 신사들이나 하는 운동이라고 하였다. 그러나 나이가 어린 사람일수록 게일릭 경기보다는 축구를 더 즐기는 경향이 있다고 한다. 우리나라에 거주하는 아일랜드 인들도 세인트 패트릭 데이에 모여서 게일릭 경기를 벌이며, 매년 동아시아 아이리시 게일릭 경기도 열린다.

게일릭 축구는 축구와 럭비 경기를 합해 놓은 듯한 경기로 15명씩 팀을 구성한다. 축구공보다 조금 작은 공을 사용하고, 손과 발을 모두 사용할 수 있으며 심한 몸싸움을 벌인다. 어느 경기 못지않게 쉬지 않고 계속 뛰어야 하므로 강한 힘과 기술이 필요한 경기이다.

헐링은 필드하키와 비슷한 경기로 각 팀 15명으로 구성된다. 경기에는

동네에서 벌어지는 주말의 게일릭 축구 경기 : 주말에 동네에서 벌어지는 게일릭 경기이지만 코치나 선수 모두 진지한 자세로 경기에 임한다. *2004*

나무로 된 스틱과 작은 공을 사용하며, 게일릭 축구와 같은 경기장을 사용한다. 여자가 하는 헐링 경기는 카모기(camogie)라고 하며, 남자보다 짧은 스틱을 사용하고 각 팀 12명으로 구성된다. 전통적으로 헐링 경기는 킬케니, 웩스포드, 코크 등의 먼스터와 렌스터 지방의 팀이 강하며, 골웨이 주도 강한 팀이다.

북아일랜드를 포함하여 아일랜드의 모든 주에서 게일릭 경기에 참여하지만, 신교도는 거의 관심을 보이지 않는다. 각 주에서는 주 협회(GAA ; Gaelic Athletic Association)에서 주관하는 리그가 벌어지며, 대부분의 경우 각 주의 리그는 연령별로 경기 수준에 따라 4개의 디비전으로 구성된다. 북아일랜드에 속한 주에서도 각 디비전별 소속 팀 수가 10개에 이르는 경우가 많다. 각 디비전마다 전국 규모의 남, 여 리그가 열린다. 매년 9월에는 전 아일랜드 남자 게일릭 축구 결승전이 더블린의 크로크 파크(Croke Park)에서 열리며, 8만을 수용할 수 있는 경기장이 열광의 도가니로 변한다. 경기

게일릭 축구 팀의 응원 : 경기장으로 향하는 도로에는 결승전 참가 팀을 성원하는 표지판이 곳곳에 걸려 있는 것을 볼 수 있다. *2004*

장으로 향하는 도로에는 결승전 참가 팀을 성원하는 표지판이 곳곳에 걸려 있다.

게일 어 전용 TV인 TG4에서는 매주 주말에 하루 두 경기 이상의 게일릭 경기를 연속적으로 중계방송 한다. 주말마다 각 마을의 게일릭 경기장에서 연령별로 구성된 팀이 모여 게일릭 축구와 헐링 경기를 벌인다. 축구 열기에 못지않은 뜨거운 열기를 느낄 수 있다. 아이리시적인 강인한 성격은 어린 시절부터 이런 경기를 하면서 형성되는 것일지도 모른다.

아일랜드 사람들은 건강에 대해서도 적극적으로 생각하고 행동한다. 우리도 건강에 대하여 상당히 염려는 하지만, 정작 행동에 옮기지는 못하는 경우가 많다. 그러나 아일랜드 사람들은 건강을 위하여 쉬지 않고 운동을 한다. 비가 내리는 날에도 많은 사람들이 도로를 따라 걷거나 뛰는 장면을 쉽게 볼 수 있다. 시골의 울퉁불퉁한 길에서도 날씨에 아랑곳하지 않고 사이클을 즐기는 가족을 만날 수 있다. 사이클을 타고 달리는 거리가 수백km를 넘으며, 며칠에 걸쳐서 동서남북으로 이동한다.

겨울철 도로 사이클(조이스컨트리, 골웨이 주) : 울퉁불퉁한 시골길에서도 날씨에 아랑곳하지 않고 사이클을 즐기는 가족을 쉽게 볼 수 있다. *2004*

　늦은 시간에 아이를 데리고 시내에 나가면 이상하다는 듯이 쳐다본다. 어린이는 일찍 자야 한다는 것이 그들의 기본적인 생각이다. 학교에서 아이가 하품을 하면 굉장히 피곤한 것으로 판단하여, 부모에게 알려 주고 일찍 집에 가라고 한다. 어른도 직장에서 하품을 하면 동료들이 매우 피곤한 것으로 알고 염려해 준다. 아일랜드 사람들은 건강을 우리가 생각하는 것과는 조금 다르게 생각한다. 우리는 건강을 음식으로 지키려는 경향이 있다면, 아일랜드 사람들은 운동으로 그것을 지키려는 것으로 보인다.

보그층이 덮여 있는 들판(코네마라, 골웨이 주). *2004*

토탄의 향기를 맡으며

　겔탁트 구역의 한 호텔에서 샤워를 하려는데 누런 물이 나와 한참을 기다린 적이 있다. 우리나라에서의 경험으로 미루어 오랫동안 사용하지 않아서 녹물이 나오는 것이라 여겼다. 시간이 꽤 흘렀는데도 물의 색이 바뀌지 않았다. 샤워를 해야 할지 말아야 할지 고심하게 되었다. 후에 알고 보니 그것은 녹물이 아니었다. 아일랜드 대부분의 물색이 그런 것이다. 간혹 가정집의 수도에서도 누런색의 물이 나오는 경우가 있지만, 오염된 것은 아니다. 빗물이 아일랜드의 들판을 덮고 있는 보그층을 통과하기 때문에 대부분의 강물에 그런 색이 배어 있다. 정수를 하는 과정에서 그 색이 없어지지만 간혹 그런 색을 띨 경우도 있다. 혹시라도 아일랜드 여행 중에 누런색의 물을 접할 경우 당황하지 않아도 된다. 바로 그 물에 보그의 향이 배어 있는 것이다.

　고향을 떠난 아이리시들은 그 향을 그리워한다. 그 향은 마시는 물에도 배어 있지만, 무엇보다도 서서히 타오르는 토탄에서 풍겨 나오는 그윽한 냄새가 으뜸이다. 아일랜드의 시골 마을을 걷고 있으면 은은하게 그 향이 다가온다. 마을의 집집마다 높은 굴뚝에서 거무스름한 연기가 모락모락 피어오른다. 도시에서 이 연기가 자욱하게 가라앉아 있을 때는 좀 메케한 느낌이 들기도 한다. 그럴 때 높은 곳에 올라서서 도시를 내려다보면 온통 토탄의 연기에 잠겨 있는 듯하다. 도시의 벽난로에는 토탄뿐만 아니라 석탄 조

토탄 연기가 자욱한 마을(이니스코티, 웩스포드 주) : 저녁 무렵 마을의 언덕에 올라서면 토탄의 연기가 자욱하게 깔린 것을 볼 수 있다. *2004*

각을 같이 태우기도 한다. 그 연기가 건강에 이로울 리는 없다. 그렇지만 누구도 그 냄새에 거부감을 보이지 않는다. 어쩌면 아일랜드 인들은 그 연기를 우리가 느끼는 된장찌개 냄새와 비슷하게 여기고 있는지도 모른다.

더블린에서 서쪽으로 향하는 길에 국도를 조금만 벗어나 보면 우리나라에서는 보기 힘든 풍경이 전개된다. 나지막한 언덕이 열을 지어서 한 방향으로 길게 달리고 있고, 그 언덕 사이의 평지에는 검붉은 바닥 또는 보라색 히스가 덮여 있는 들판이 황량한 모습으로 다가온다. 황량한 그 들판이 바로 아일랜드의 주요 자원의 하나인 토탄의 원료가 되는 보그이다. 더 서쪽으로 달리면 코네마라 지방의 들판 이곳저곳에 마치 장작더미처럼 쌓아 놓은 토탄 더미가 눈에 들어온다. 아일랜드를 소개하는 책자나 달력 등에 빠지지 않고 등장하는 장면으로, 또 다른 토탄의 모습이다.

아일랜드 국토의 15% 정도가 보그층으로 덮여 있으며, 토탄의 생산은

토탄의 채취(코네마라, 골웨이 주) : 들판의 곳곳에 토탄을 채취하여 장작더미처럼 쌓아 놓았다. *2004*

아일랜드의 대표적 산업의 하나이다. 토탄은 산업용과 가정의 난방 연료로 사용되는 것 두 가지이다. 산업용 토탄은 레이즈드(raised) 보그에서 얻어지며, 산소가 부족한 중앙 평원의 습지에서 죽은 식물이 부패되지 않아 만들어진 것이다. 그 층의 두께는 무려 10m를 넘기도 한다. 표면에는 히스라는 식물이 자라고 있으며 봄에는 보라색의 꽃이 만발한다. 더블린과 섀넌 강을 연결하는 그랜드 수로는 이런 보그가 있는 곳을 대부분 통과한다. 가정용 토탄은 블랭킷(blanket) 보그에서 얻어지며, 그 두께가 1~3m로 마치 담요처럼 얇아서 붙여진 이름이다. 그 위에 올라서면 두꺼운 스펀지에 올라선 듯 푹신푹신하다. 비교적 강수량이 많고 배수가 불량한 곳에 있다.

보그 개발은 상당히 기계화되어 있으며, 산업용은 상업 회사에서 개발하고 있고 가정용은 동네 사람들이 개별적으로 채취한다. 산업용은 채취하는 즉시 철로를 이용하여 발전소나 토탄 제조 공장으로 운반된다. 그런 보그

레이즈드 보그(위클로 주) : 보그층 위에는 히스라는 식물이 자라고 있으며, 봄에는 보라색의 꽃이 만발한다. *2004*

가정용 토탄의 판매 : 주유소나 작은 슈퍼에서 가정용 토탄(터프)을 장작처럼 쌓아 놓고 판매한다. *이은영, 2004*

가 있는 곳에는 그것을 이용하는 화력 발전소가 자리한다. 아일랜드의 화력 발전소 20개 중 8개가 토탄을 사용하며, 주로 중앙 평원과 서부 지방에 분포한다. 토탄 제조 공장으로 보내진 것은 터프(turf)라고 하는 가정용 연료로 만들어져서 슈퍼나 주유소 등에서 판매된다. 퇴근길에 터프를 한 묶음씩 들고 가는 남자들의 모습을 쉽게 볼 수 있다. 도시에서는 이것을 주로 난방 연료로 사용한다. 슈퍼에는 터프 외에도 작은 각목, 석탄 조각 등 다양한 난방 재료가 판매되며, 비교적 그 매장이 넓다.

　가정용 토탄의 채취에는 많은 노동력과 시간이 필요하며, 날씨도 중요하다. 과거에는 게일 어로 'slean'이라고 부르는 전용 삽으로 채취하였으며, 운반은 당나귀를 이용하였다. 보그가 있는 곳이 대부분 습지여서 마차의 바퀴가 미끄러지거나 빠지기 쉬우므로 힘이 좋은 당나귀가 필요하였다. 코네마라 등 보그가 넓게 분포하는 동네에서는 요즘도 당나귀를 볼 수 있다.

시골의 당나귀(코네마라, 골웨이 주) : 당나귀는 토탄 운반용으로 사육되었으며, 오늘날에도 토탄이 많이 생산되는 지역에서 볼 수 있다. *2004*

가정에 쌓아 놓은 토탄 : 시골의 가정에는 겨울 난방을 위하여 토탄을 장작더미처럼 쌓아 둔다. *2004*

이 때문에 다른 나라에서 아일랜드 시골의 낙후된 모습을 설명할 때 '도로에 당나귀가 다니는 곳'이란 표현을 사용하기도 한다. 그러나 지금은 대부분 기계를 이용하여 채취하고 트랙터로 운반한다.

가정용 연료로 사용되는 것은 우리나라의 장작 크기 정도로 채취해서 말린다. 봄이 되면 들판 여기저기에서 보그를 채취하는 모습을 볼 수 있으며, 물이 빠질 때까지 들판에 하나씩 펼쳐 놓는다. 어느 정도 물이 빠지면 마치 장작과 같이 서로 엇갈리게 걸쳐 놓고 말리며, 이 때가 한여름이다. 가을에 들어서면 그것이 상당히 말라 있으므로 조그만 무더기로 쌓아 비닐 등으로 덮어 놓는다. 겨울에 들어서면서 말린 토탄을 집으로 운반하여 쌓아 둔다. 그 모습이 마치 우리나라 산간 지방의 가옥 주변에 차곡차곡 쌓아 둔 장작더미 같다. 우리 산골의 집주인이 장작더미를 보면서 따뜻한 겨울을 연상하듯이, 아일랜드 인들도 쌓아 놓은 토탄 덩이를 보면 마음이 포근해질 것 같다. 이는 코네마라와 딩글 반도, 도니골 등 시골의 보통 풍경이다. 보그는 꽃집에서 사용하는 비료 흙의 재료로도 사용된다. 그 대부분은 EU 국가로 수출된다.

아일랜드 정부는 2차 대전 당시 부족한 연료를 확보하기 위하여 보그 개발을 위한 'Bord na Mona' 라는 기구를 만들고 토탄의 사용을 적극적으로 권장하였다. 그러나 보그는 재생되지 않는 자원으로 지나친 개발은 그 고갈을 초래할 수 있다. 보그의 채취가 지금처럼 이어진다면 앞으로 60년 이내에 상업적으로 사용하기 어려운 상태가 올 것이라 한다. 아일랜드는 중요한 결정을 내려야 하는 상황에 직면하고 있는 것이다. 세계 각국이 이미 토탄 고갈을 경험하고 있다. 그러므로 보존이 잘 된다면 아일랜드의 보그층은 그 자연사 박물관과 같은 구실을 할 수 있다. 서부 지방의 코네마라 국립공원 안에는 보그 박물관이 운영되고 있다. 그곳에서는 보그층의 발달 과정과 자원으로서의 가치 등에 관하여 자세히 안내하고 있다.

역동적인 아일랜드, 2004

역동적인 아일랜드의 모습을 보다

근래 아일랜드는 우리의 매스컴에 자주 오르내리는 나라 중 하나가 되었다. 2002년 월드컵 대회 이전만 하여도 아일랜드는 1년에 한두 번 등장하는 것도 보기 어려운 나라였다. 그만큼 아일랜드는 그동안 역사의 전면에 나서 보지 못하였다. 그러다가 2002년 월드컵 대회에서 선전하던 모습과 TV를 통해서 보았던 녹색의 응원 물결이 우리에게 강한 인상을 남겼다. 그후 아일랜드가 점차 잊혀 가고 있을 무렵인 2004년 초, TV 채널에서 경쟁적으로 아일랜드 특집이 방송되면서 우리에게 다시 가까워지기 시작하였다. 그러나 2000년 벽두에 이미 아일랜드는 여러 가지 지수에서 더 이상 변방 국가가 아니라는 것을 보여 주었다. 아일랜드는 그 무렵 세계 여러 기관의 분석 결과, 많은 분야의 경쟁력에서 이미 세계 10위권에 진입하기 시작하였다.

오늘날 아일랜드는 EU 국가 중 가장 역동적인 나라로 꼽힌다. 최근 8년 동안 연평균 경제 성장률이 7.7%로 EU 국가 중 가장 높다. 이와 같은 성장에 힘입어 1인당 국민 소득도 2005년 4만 달러를 넘어섰다. 한때는 우리보다 가난했거나 비슷했던 나라가 오늘날에는 두 배 이상의 높은 소득을 올리는 나라가 된 것이다. 우리나라가 1970년대 이후 이룬 고도 경제 성장을 '한강의 기적'이라 불렀던 것처럼, 아일랜드의 성장을 '켈틱 타이거(Celtic Tiger)'라고까지 부르고 있다.

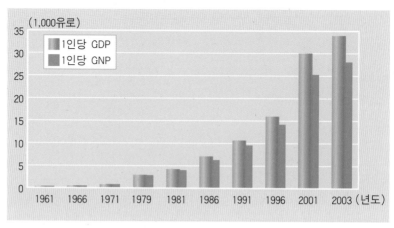

아일랜드의 경제 성장(자료 : 아일랜드 중앙통계사무소)

아일랜드의 성장에는 아일랜드 산업개발청(IDA : Irish Development Agency)
의 역할이 컸다. IDA는 투자 유치를 담당하는 정부 기관으로, 우리나라를
포함하여 외국에 12개의 지청을 두고 있다. IDA의 주력 분야는 전자, 공
업, 건강/제약, 소프트웨어, 정보 처리, 텔레마케팅 및 금융 서비스 부문 등
으로 IT 분야가 중심이다. 아일랜드에서는 공장이 여러 개 모여 있는 곳을
비지니스 파크(Business Park) 혹은 비즈니스 앤 테크놀로지 파크(Business and
Technology Park)라고 하며, 우리나라의 산업 단지와 비슷하나 규모가 작다.

현재 1,000개 이상의 외국 기업이 아일랜드에 사업장을 두고 있다. 우리
나라의 새한 미디어도 슬라이고에서 사업 중이다. 외국 기업체의 생산은
고용 창출에 크게 기여하고 있으며, 국민 총생산의 1/4과 수출의 80%를
차지한다. 이런 것에 힘입어 2005년 현재 아일랜드의 실업률은 4.3%로
EU 국가 중 가장 낮다. 1980년대 중반부터 무역 흑자를 기록하였고, 2005
년에는 약 319억 유로의 무역 흑자를 나타내었다. 우리나라의 아일랜드에
대한 수출은 약 6.51억 달러, 수입은 약 8.35억 달러이며(2005년 기준), 반도

IDA : IDA는 국내 투자 유치를 담당하는 정부 기관으로, 외국 회사들이 아일랜드에 회사를 설립하거나 확장하고자 할 때 도움을 주고 있다. *2005*

체, 컴퓨터, 통신 기기 등 IT 분야 품목의 비중이 크다. 외국 기업 중 제약 회사의 진출이 두드러져, 세계 15대 제약 회사 중 13개가 설립되어 있다.

제조업은 GNP의 약 39%를 차지하며 농업 분야가 약 3%에도 못 미치고 있어, 아일랜드가 이제 더 이상 농업 국가가 아님을 잘 보여 준다. 제조업 근로자는 약 50만 명으로 전체 근로자의 1/3에 가깝다. 수출품 중 제조업 제품의 비중이 93.6%로 절대적이다. 제조업은 대부분 '굴뚝 산업'이 아닌 첨단 산업 중심이다. 특히 컴퓨터 분야의 성장이 두드러지며, 세계적인 컴퓨터 회사들이 아일랜드에서 활동 중이다. 그 밖의 의학과 화학 분야의 발전도 두드러진다. 2004년 산업 국가의 경쟁력을 비교한 세계 경쟁력 보고서에서 아일랜드는 10위를 기록하였다.

아일랜드의 역동적인 모습은 건설업에서 뚜렷하다. 유럽 대부분의 국가에서 건설 현장을 찾아보기 어려운 것과는 달리, 아일랜드에서는 어디를 가더라도 쉽게 눈에 띈다. 도시나 규모가 조금 큰 타운에서는 우리나라에서처럼 타워 크레인이 돌아가고 있는 모습이 흔하다. 또한 곳곳에 새로운 주거 단지가 조성되고 있다.

EC에 가입하던 1973년에 농업 분야의 고용 인구는 25만 5천 명(23.9%)에 이르렀으나, 2003년에는 전체 고용 인구의 6.5%로 급감하였다. 아일랜드는 감자와 양의 나라로 알려지다시피 할 만큼 그 두 가지가 농업을 대표하였다. 감자 대기근 직후의 감자 재배 면적은 35만 9천ha에 이르렀으나, 그후 급격히 감소하여 오늘날에는 약 1만 4천ha에 불과하다. 2003년의 감자 생산량은 약 50만 톤으로 우리의 63만 톤보다 조금 적다. 그러나 인구를 고려한다면 아일랜드의 감자 생산량이 얼마나 많은 것인지 짐작할 수 있다.

한동안 감자를 살 때마다 애를 먹었다. 그 종류가 다양하여 어떤 것을 골라야 저렴하면서 맛있게 즐길 수 있을지 고민거리였다. 대형 슈퍼마켓에 있는 감자 매장도 넓고, 감자의 품종도 우리와 다르며 종류도 많다. 좀 지내고 보니 가격의 차이는 있지만 모두가 맛있었다. 봄부터 도로변에서 '아이리시 햇감자'라는 표시를 하고 감자를 파는 모습은 우리의 시골 풍경과 비슷했다.

아일랜드의 음식 중에는 감자를 이용한 것이 많다. 음식점에 가면 어떤 종류의 음식을 주문하더라도 거의 감자 한두 개씩이 포함된다. 특히 감자를 다져서 만든 프렌치 프라이나 감자를 길게 썰어서 튀긴 칩은 인기 있는 음식으로, 대부분의 메뉴에 포함되어 나온다. 심지어 중국 식당에서조차 감자 칩이 포함된다. 그러나 정작 감자 칩은 잉글랜드에서 넘어온 음식이다.

아일랜드는 소나 양이 사람보다 많은 곳이다. 그러다 보니 상대적으로 쇠고기 값이 싼 편이다. 부위에 따라서 가격이 다르지만 돼지고기 값 정도면 좋아하는 부위의 쇠고기를 살 수 있다. 양의 수는 680만 마리에 이른다. 사람이 거주하는 곳을 제외하면 아일랜드 어디에서나 양을 볼 수 있다.

5, 60년대에 우리나라에는 아일랜드 출신의 신부와 수녀가 많았다. 그

슈퍼마켓의 감자 매장 : 슈퍼에서는 다양한 크기로 포장된 감자가 판매되며, 매장도 넓게 차지한다. *이은영, 2004*

가운데 제주도에 자리를 잡은 신부들이 이시돌 목장을 차리고 양을 키운
것은, 자연환경이 아일랜드의 서부와 상당히 비슷하기 때문인 것 같다. 아
일랜드에서는 한국에서 20년 이상 길게는 40년 넘게 거주한 신부나 수녀
를 쉽게 만날 수 있다. 가톨릭 재단에서 운영하는 학교가 많은데, 그 재단
에는 한국에서 근무한 적이 있는 신부나 수녀가 있다. 여자 아이들이 다니
는 학교와 관련된 수녀원에 한국에서 26년을 지낸 메리라는 수녀가 있었는
데, 아이들을 친손녀처럼 보살펴 주어 초기 적응에 큰 도움을 주었다. 작은
아이가 다니는 학교의 교장은 형이 한국에서 46년간 근무한 신부라면서 한
국인에게 많은 관심을 보였다.

　아일랜드의 양은 들판에서 방목하고 있으며, 잃어버리지 않게 머리나 등
에 색으로 고유의 표시를 한다. 이른 봄 들판에 나가면, 양의 털을 깎아 놓
은 모습과 새끼 양들의 귀여운 모습을 볼 수 있다. 슈퍼마켓의 고기 코너에
는 양고기가 구별되어 있고, 아이리시 식당에서는 양고기 음식이 제공된

초원의 양 떼(부시밀즈, 앤트림 주) : 양은 방목을 하고 있으며, 등이나 머리에 소유주를 표시하는 색을 칠해 놓는다. *2003*

다. 가격은 다른 가축에 비하여 싸지 않다. 양고기 매장의 넓이도 소고기나 돼지고기와 비슷하다. 최근 양이나 소의 숫자는 정체 내지 감소하는 경향이며, 이는 역동적인 산업화 과정 속에 나타나는 현상이다.

한국의 어느 일간 신문 인터넷 판에서 더블린과 아일랜드 제2의 도시인 코크 사이를 오가는 데 5시간이 걸린다고 소개하면서, 사회 간접 자본이 부실하다는 기사를 읽은 적이 있다. 그 내용을 확인하고 싶어 두 도시 사이를 달려 보니 3시간 조금 넘게 걸렸다. 두 도시 간의 거리는 약 257km이며, 도로 상태도 아일랜드에서는 상당히 양호한 편이다.

아일랜드를 언뜻 둘러보면 사회 간접 자본이 아주 부실해 보인다. 고속

고속 도로
주요 국도
일반 국도

포트러시
던론뢰 레터케니 데리 란
쿡스타운 벨파스트
도니골 오마 다운패트릭
발리샤논 아마
에니스킬렌 뉴캐슬
슬라이고 던달크
뱅고 밸리나 카반 드로이다
웨스트포트 롱포드 켈스
살스톤 물린가 더블린
클리프덴 투암 애슬론 트라모어 브레이
골웨이 킬데어 킬다레 위클로
고트 버
이니스티몬 이니스 니나 칼로우 아클로
킬키 라머릭 킬케니 웩스포드
아다레 로슬레어
트랄리 티퍼레리 워터포드
딩글 리스모어
킬라니 멜로우 던가반
워터빌 켄메어 코크 율
밴트리

아일랜드의 도로망

도로와 일부 국도를 제외하면 대부분 왕복 2차선 도로이며, 도로의 폭이 일정하지 않고 겨우 차량이 교차할 정도인 곳이 많다. 그런데 신기하게도 왕복 2차선 도로의 제한 속도는 어디든 시속 100km이다. 한국에서는 이런 도로를 시속 100km로 달리기가 쉽지도 않고 법적으로도 금지되어 있다.

아일랜드에 처음 도착하던 날, 골웨이에서의 약속 시간에 두 시간 가까이 늦은 적이 있다. 더블린에서 2~3시간이면 충분하다고 하여 그렇게 시

도로의 제한 속도 : 대부분 도로의 제한 속도는 시속 100km이다. 이런 속도가 아일랜드의 경쟁력의 하나
이며, 이는 믿음이 있어서 가능한 것이다. *2005*

간을 잡았으나, 5시간이 넘게 걸리고 말았다. 더블린에서 골웨이까지는 약
220km의 거리이다. 그 중 약 40km만이 왕복 4차선의 자동차 전용 도로이
고 그 외는 왕복 2차선 도로이다. 게다가 규모가 큰 3개의 타운과 여러 개
의 마을을 통과해야 하는데 우회도로도 없다. 최소한 시속 70km 이상을
달려야 약속을 지킬 수 있는데, 불가능한 일이었다. 한국에서의 습관처럼
골목에서 무엇이 나올지 모른다는 생각 때문에 달릴 수 없었다. 그러나 지
금은 두 도시 사이를 3시간에 달릴 수 있게 되었다. 우리나라에서는 규정
과 안전을 고려하면서 그 거리를 3시간에 달리는 것은 거의 불가능하다.
그러나 아일랜드에서는 규정을 준수하면서 그것이 가능하다. 바로 이런 가
능성이 아일랜드의 경쟁력이라 여겨진다. 그런 도로망을 가지고도 큰 불편
없이 이용할 수 있다는 것은 큰 장점이다.

　이런 경쟁력은 서로에 대한 믿음에서 출발한다. 우리의 경우 주행 중 교
차로나 골목이 나오면 대부분 브레이크 페달을 밟을 준비를 하므로 속도가

줄 수밖에 없다. 그러나 아일랜드에서는 그런 곳에서도 속도를 제한하지 않는 한 시속 100km로 달린다. 다른 차가 나오지 않을 것이라 믿기 때문이다. 양보 방향과 우선 방향을 명확하게 구별한다. 우리나라에서는 그런 경우 모든 방향에 양보 표시를 하고 있어서 아무도 양보를 하지 않거나 모두 양보를 하면서 시간과 그 외의 비용을 낭비한다. 사소하게 보이는 이런 것이 중요한 경쟁력이다. 그만큼 시간과 에너지를 아낄 수 있다. 또한 도로 확장 비용을 낭비하지 않아도 된다. 이런 것이 구불구불한 도로를 가지고도 역동적으로 움직일 수 있는 원천이 되고 있다. 그러므로 단순히 도로 모양만 보고 사회 간접 자본을 평가하는 것은 무리이다.

이런 믿음은 사회 전반에 깔려 있다. 전혀 다른 이야기이지만, 믿음과 관련된 경험을 한 가지 소개한다. 큰아이가 다니던 학교에서 5학년 학생이 모두 참여하는 뮤지컬 공연이 있었다. 5학년은 9월 4일에 처음 학기가 시작되었으므로 그 후부터 연습이 시작되었고, 공연은 10월 16일이었다. 나는 그 행사가 불가능할 것이라 생각하였다. 그러나 그 뮤지컬은 아무런 문제 없이 성공적으로 마무리되었다. 지역 주민들은 적잖은 비용을 부담하고 공연을 감상하였는데, 모두 만족스러워하였다. 이 행사가 성공적으로 마무리된 것도 서로에 대한 믿음 때문이라 생각된다. 지도 교사를 믿고 따르기 때문에 가능했던 것이다. 왜 내가 더 좋은 역할을 맡지 못하냐고 따지지도 않고, 더 좋은 역을 달라고 부탁하지도 않는다. 이런 믿음은 바로 존경심으로 이어진다. 이런 것이 아일랜드가 갖는 경쟁력이다. 그런 믿음과 존경심이 있어서 지도자를 따른다. 우리의 현실과 비교되는 점이 많다. 오늘날 아일랜드의 역동적인 흐름 속에는 서로에 대한 커다란 믿음과 존경이 자리하고 있는 듯하다.

3부

지역별 추천 여행 코스

아일랜드를 찾는 사람이라면 가볼 만한 곳과 아일랜드를 이해하는 데 도움이 될 만한 장소를 지역별로 나누어 소개하였다. 우선 경관이 뛰어난 곳과 역사적으로 가치 있는 장소를 중요하게 여겼다. 또한 아일랜드의 특성을 이해하는 데 도움이 될 만한 곳은 미적 가치가 떨어지더라도 포함시켰다.

각 코스는 가능한 한 하루 단위로 마무리할 수 있도록 구성하였다. 실제 여행에서는 취향에 따라 기간을 늘리거나 짧게 줄일 수 있다. 모든 코스는 연계되어 있으며, 더블린에서부터 시계 방향으로 시작하여 아일랜드를 한 바퀴 돌아 더블린에서 끝나도록 구성하였다.

무엇을 볼 것인지는 주로 문헌이나 웹 사이트를 통하여 정하였다. 리더스 다이제스트(Reader's Digest)의 *Illustrated Guide to Ireland*와 오드넌스 서베이(Ordnance Survey)의 *Leisure Guide Ireland*가 큰 도움이 되었다. 물론 두 책에서 소개하고 있는 내용이라도 확인되지 않은 것은 제외하였다.

잘못된 정보를 읽고 피해를 보는 일이 없도록 하기 위해 내용이 의심스러운 장소는 책을 마무리하는 중에도 다시 답사하여 확인하였다. 거의 모든 내용이 수차례의 답사를 통해 확인된 것이다.

더블린 공항

더블린

더블린 만

M50

N7

킬매캐노게

살리갭

R115 R759 R755

테이 호

폭포

R756 N11

위클로 계곡 라라

위클로

N81 어퍼 호

글렌달록 R755

N78 Rathdrum

GN Meeting of the waters

R752 아보카 광산지

아보카

R747

아클로

N80

N11

킬케니

R700

토마스타운

이니스티오게 N30 이니스코티

R700

뉴로스 N11

N10

N24 N25

웩스포드

N25

워터포드 로슬레어 항

산지가 아름다운 남동부

위클로
칼로
킬케니 웩스포드
워터포드

　남동부 지역에는 위클로(Wicklow), 칼로(Carlow), 킬케니(Kilkenny), 웩스포드(Wexford), 워터포드(Waterford) 등 5개 주가 포함되며, 아일랜드의 주요 산지 중 하나이다. 이곳의 산지는 빙하의 영향을 받았으나, 우리나라의 대관령과 같이 완만하고 부드러운 모습을 하고 있어 매우 친근한 느낌을 준다. 또한 산지의 낮은 부분에는 우리나라처럼 숲이 우거져 있다. 해안을 따라 발달한 비교적 규모가 큰 타운은 대부분 바이킹의 영향을 받은 곳으로 아직도 그 흔적이 남아 있다.

　위클로 산지의 아름다운 경치를 감상하는 것만으로도 이 지역 여정은 보람이 있다. 여기서 소개하는 코스의 거리는 약 130km이며, 권곡·빙하 호 등 산지의 아름다운 경치와 그 속에 숨어 있는 유적지를 돌아볼 수 있다. 이 코스는 전날 항공 편으로 도착한 사람을 기준으로 하여 더블린에서 출발한다.

　더블린을 순환하는 M50 고속도로와 N11 국도를 갈아타고 남쪽으로 30여 분 달리면, 킬매캐노게(Kilmacanoge)라는 마을에서 글렌달록(Glendalough)이란 이정표가 쓰여 있는 R755를 만난다. 이 길(R755)을 타고 12km를 가면 살리갭(Sally Gap)이란 표지판을 만나며, 위클로의 아름다운 산지가 본격적으로 시작된다. 다시 이 길을 따라 5분 정도를 달리면, 서울에서 더블린까지의 여독을 완벽하게 잊게 해주는 테이(Tay) 호의 절경과 아슬아슬한 급경

위클로 산지의 테이 호 : 빙하호이며 가파른 절벽과 파란 물, 그리고 주변의 외계와 같아 보이는 황무지가 아름다움을 더한다. 호숫가에 있는 정원은 기네스가의 별장이라고 하며, 호수의 모래사장은 이탈리아에서 운반한 것이라고 한다. *2005*

사 도로에 입이 벌어질 것이다. 테이 호는 주변의 다른 호수들과 같이 빙하호이며 가파른 절벽과 파란 물, 그리고 주변이 외계에라도 온 듯 신비롭다. 누구라도 그 아름다움과 신비로움에 빠져 시간의 흐름조차 잊게 만든다.

아쉬움을 뒤로 하고 작은 침엽수림의 숲을 벗어나면, 마치 우리나라의 대관령 주변에 올라선 듯 완만한 산지가 전개된다. 하지만 그곳 대부분은 히스가 덮여 있는 척박한 황무지이다. 살리갭(Sally Gap) 사거리에 서면 어디로 가야 할지 고민해야 할 만큼 모든 길에 욕심이 난다. R115를 타고 좌회전을 하면 잠시 지루한 감을 주기도 하지만, 15km쯤 지나면 곧 장관을

밀리터리로드의 폭포 : 50m가 훨씬 넘어 보이는 폭포의 시원한 물줄기가 잠깐의 지루함을 떨쳐 준다.
2005

세인트케빈 교회 : 이 교회는 글렌달록의 일부를 구성하고 있으며, 교회 공간이 하나로 구성된 것이 특징이다. 교회 뒤로 원형이 그대로 보존된 둥근 탑이 보인다. *2005*

만나게 된다. 이 도로는 밀리터리로드(Military road)라고 하며 '브레이브 하트'와 '마이클 콜린스'라는 영화를 촬영한 장소로도 유명하다. 50m가 훨씬 넘어 보이는 시원한 폭포의 물줄기가 잠깐의 지루함을 떨쳐 준다. 이곳부터 라라(Laragh)까지는 10km가 채 안 된다.

  라라는 위클로(Wicklow) 계곡과 글렌달록으로 들어서는 입구이며, 잠시 쉬면서 가볍게 차를 마실 수 있는 바가 몇 개 있다. 글렌달록은 이곳에서 2km 서쪽에 자리하며, 아일랜드 국가적으로 기념비적인 장소이다. 6세기에 수도원이 세워졌던 곳으로 입구에 돌로 된 아치형 문의 흔적이 거의 원형대로 남아 있다. 폐허 상태인 수도원 건물도 많은 사람들이 찾는 곳이다. 무엇보다도 거의 완벽하게 보존된 30m가 넘는 라운드 타워가 인상적이다. 그 주변에는 여러 개의 하이 크로스가 있다. 세인트케빈스키친(St. Kevin's

글렌달록의 어퍼 호 : 아주 가까이에서 볼 수 있는 빙하호이며, 그 뒤로 U자곡이 뚜렷하게 발달하였다. *2005*

Kitchen)으로 알려진 세인트케빈 교회(St. Kevin Church)는 하나의 공간으로 구성되어 있는 것이 특징이다. 이곳은 아일랜드의 학생들이 역사 학습장으로 많이 찾는 곳이기도 하다.

글렌달록은 게일 어로 '두 개 호수의 계곡'의 의미로 수도원 뒤로 두 개의 아름다운 호수가 자리하고 있다. 많은 사람들이 작은 다리를 건너 호수에서 내려오는 물을 따라 산책을 하거나 주변의 산지를 등반하기 위해 오르는 모습이 보인다. 이곳의 등반 코스는 1.5km 정도부터 11km에 이르기까지 다양하다. 이곳부터 어퍼(Upper) 호까지 걸어서는 30분 넘게 걸리며 자동차로는 5분 정도의 거리이다. 어퍼 호는 아주 가까이에서 볼 수 있는 웅장한 빙하호이다. 그 뒤로 이어지는 U자곡도 볼 만하다.

R756을 타고 서쪽으로 10km 정도를 더 가면 위클로 계곡이며, 그 가까

아클로 다리 : 19개의 아치로 이루어진 다리로 아일랜드에서 가장 긴 아치교이다. *2004*

운 곳에 아일랜드에서 가장 큰 수력 발전소가 있다. 그곳까지 가는 길은 온통 황량한 초원으로, 히스와 가시금작화 등이 산을 덮고 있다. 전망대에 올라서면 빙하가 파놓은 골짜기와 권곡에 물이 고인 호수 등을 볼 수 있다. 가장 높은 고개에서는 동서 방향으로 시원하게 전망할 수 있다.

다시 라라 마을로 내려와 20여km를 달리면 두 개의 강물이 만나는 작은 마을이 나온다. 무어(Thomas Moore)의 시 '*The meeting of the waters*'에 등장하는 마을로, 마을 이름도 'Meeting of the waters' 이다. 우리나라 정선 여량의 아우라지를 연상하면 될 것이다. 강을 건너면 레스토랑이 있어서 시원한 물줄기를 바라보면서 차를 마셔도 좋다. 지나는 길가에는 숲이 우거져 있으며, 여기서부터 아보카의 골짜기(Vale of Avoca)가 시작된다. 아보카 마을은 봄철에 활짝 핀 벚꽃을 즐길 수 있는 곳이다. 세계적으로 유명한 직물 공장이 있으며, 손으로 직접 만드는 과정을 시범해 보이기도 한다. 아일랜드의 주요 백화점에서는 아보카 상표가 붙어 있는 직물류가 판매되

바이킹의 도시 웩스포드 : 웩스포드는 한때는 번성하는 항구였으나, 토사가 쌓이면서 항구의 기능이 약해져 오늘날에는 한가한 모습이다. *2004*

고 있다. 이곳부터 아클로까지는 약 10km이다.

아클로(Arklow)는 위클로 산지에서 흘러내리는 아보카 강의 하구에 발달한 타운으로, 위클로 산지를 여행하려는 이방인들이 여정을 준비하는 곳이다. 아클로라는 이름은 9세기에 이곳에서 살았던 바이킹의 두목 Aru-Kell이란 이름에서 유래한다. 타운에는 여러 개의 펍과 레스토랑 등이 있어 잠시 휴식을 취하기에 좋다. 또한 하천을 따라 산책을 할 수 있으며, 곳곳에 피크닉 장소도 있다. 조선소와 낚시 센터가 있어서 그와 관련된 사람들도 많이 찾는 곳으로, 아일랜드에서 비교적 붐비는 항구 중의 하나이다. 해양박물관에 들르면 이와 관련된 역사를 볼 수 있다. 19세기 말에 건설된 아클로 다리는 19개의 아치로 이루어진 아일랜드에서 가장 긴 아치교이다.

웩스포드, 워터포드, 킬케니 주에도 볼거리가 산재한다. 웩스포드 타운은 바이킹 교역소(A Viking Trading Post)라고 불릴 만큼 바이킹의 흔적이 많다. 타운 중심에 있는 폭 4m 정도의 좁은 도로는 바이킹의 유산으로 대부분 일방통행이다. 바이킹이 외침에 대비하여 건설한 성벽이 타운의 한복판에 남아 있으며, 사암으로 되어 있어 붉은빛을 띤다. 타운 중심지의 건물마다 역사적으로 관련된 내용을 동판에 새겨 지나는 사람들이 볼 수 있게 해 놓았다. 타운의 서쪽에 자리한 아일랜드 국립 역사 공원(Irish National Heritage Park)은 바이킹의 생활 방식과 선사 시대 이후의 다양한 역사적인 사실을 확인할 수 있는 곳이다. 웩스포드는 한때는 번성하는 항구였으나, 토사가 쌓이면서 항구의 기능이 약해져 오늘날에는 한가한 모습이다. 19세기부터는 워터포드가 항구의 기능을 대신하고 있다. 웩스포드 남쪽의 로슬레어는 영국의 펨브룩(Pembroke)과 프랑스의 로스코프(Roscoff)로 가는 카페리가 출항하는 항구이다.

웩스포드 북서쪽에 자리한 이니스코티는 아일랜드에서는 보기 드물게 골짜기에 발달한 타운이다. 타운 중심의 동쪽에 있는 비네거힐(Vinegar Hill) 언덕은 타운과 주변을 전망할 수 있는 평화로운 장소이다. 그러나 그 언덕에 올라서 보면 18세기 말에 아이리시가 영국군에 대항하여 폭동을 일으키고 한 달 가까이 언덕을 점령하였으나 결국 영국군에 의해 모두 살육된 '피의 언덕' 임이 기록되어 있다. 단 하루 동안에 20만 명의 아이리시가 살육되었으며, 그들은 농업용 곡괭이 정도를 들고 대포를 사용한 영국군에 대항하였다. 언덕의 정상에는 당시 반란자들이 점거하고 있으면서 임시 요새로 사용한 풍차 타워가 폐허로 남아 있다. 타운의 중심에 자리하는 바이킹이 세운 성은 비교적 보존 상태가 양호하며 웩스포드 주 역사·민속 박물관으로 사용되고 있다.

워터포드는 슈(Suir) 강 하류에 자리한 아일랜드 제5의 도시이다. 바이킹에 의해서 도시적인 모습을 갖춘 대표적인 곳으로, 아일랜드 최초의 도시이다. 아일랜드에서 도시는 바이킹에 의해서 시작되었다. 따라서 워터포드는 바이킹의 역사를 훑어보기에 적합한 곳이다. 1003년에 세워져 요새로

비네거 언덕의 풍차 타워 : 18세기 말 아이리시가 반란을 일으켰을 때 요새 역할을 한 곳으로 타운과 주변을 전망할 수 있다. *2005*

이니스코티 성 : 대표적인 바이킹의 유산으로 오늘날에는 주립 박물관으로 사용되고 있다. *2005*

사용되었던 리지날드 타워는 그 대표적인 유적이며, 오늘날 박물관으로 이용되고 있다. 그 안에서 바이킹과 관련된 역사를 한눈에 볼 수 있다. 시내 중심의 대부분 도로는 일방통행을 하는 좁은 길이며, 바이킹이 건설한 것이다. 구시가지 곳곳에는 바이킹이 세운 성벽이 남아 있다. 이 도시의 대표적인 성당은 세인트패트릭 성당이다. 슈 강을 따라서 길게 만들어진 부두가 붐비는 항구 도시임을 보여 준다.

현재 워터포드는 아일랜드의 주요 산업 도시로 성장하고 있다. 시내를 빠져나와 코크로 향하는 N25 국도에 들어서면 IT 대학 등 산업과 관련된 것이 보인다. 도시를 거의 빠져나가면 세계적으로 유명한 워터포드 크리스털(Waterford Crystal)이 있다. 이 공장의 방문객 센터를 찾으면, 자세한 안내는 물론 공장에서 아름다운 크리스털 제품이 만들어지는 과정을 눈으로 직접 볼 수 있다. 전시실과 매장이 마련되어 있어서 섬세한 솜씨를 감상할 수

워터포드 크리스털 : 아름다운 크리스털 제품이 만들어지는 과정을 눈으로 직접 볼 수도 있고, 전시실에서 섬세한 솜씨의 크리스털을 감상할 수 있다. *2004*

킬케니 성 : 아일랜드의 다른 성과 달리 웅장한 모습이 그대로 남아 있으며, 성 앞에는 넓은 잔디밭이 펼쳐져 있다. *2004*

도 있다. 공장을 나와 서쪽으로 달리면 IDA 산하의 비지니스 파크가 늘어서 있어서 산업 도시임을 실감하게 한다. 지나는 길에 잠시 들르기보다는 긴 여정으로 도시를 찾는 것이 좋다.

킬케니는 노르(Nore) 강변에 자리한 아일랜드에서 가장 중세적인 분위기를 자아내는 도시이다. 그만큼 유적지가 많고 다양하다. 그중에서도 으뜸은 강변에 자리하는 킬케니 성이다. 이 성은 1207년에 건축된 것으로 아일랜드 대부분의 성과 달리 웅장한 모습이 그대로 남아 있다. 오늘날 이 성은 화랑으로 이용되기도 하며, 안내자를 동반하여 1시간 정도 성을 둘러볼 수

이니스티오게의 승마 : 이 마을에서는 주말마다 열리는 승마 대열을 볼 수 있으며, 규모는 작지만 분위기가 고풍스럽다. *2004*

있다. 성 앞에 펼쳐져 있는 넓은 잔디밭도 인상적이다. 세인트카니스(St. Canice) 대성당도 13세기에 세워진 것이며, 같이 있는 둥근 탑은 킬케니 주에서 가장 오래된 건축물이다. 그 외에 세인트존(St. John) 성당과 수도원, 블랙(Black) 수도원, 세인트프란시스(St. Francis) 수도원도 13세기의 건축물이며 보존 상태가 양호하다. 상인 박물관(Merchant's Museum)으로 사용되고 있는 Rothe House는 튜더 시대 중류층의 한 전형을 보여 준다. 박물관에는 킬케니 역사와 관련된 다양한 문화 유적이 전시되어 있다.

킬케니에서 노르 강을 따라서 워터포드나 웩스포드로 가는 길의 뉴로스(New Ross) 방향으로 들어서면, 아기자기하면서 고풍스러운 작은 마을들이 나온다. 이니스티오게(Inistioge)는 그 대표적인 예로, 주말에 들르면 마을 사람들이 모여서 행하는 승마 대열을 볼 수 있다. 마을 광장의 펍 앞에 모여서 말을 탄 채로 기네스를 마시는 광경이나 그 주변의 파스텔 조의 건물도 구경거리이다. 마을이 끝날 무렵에 노르 강을 건너는 아치형의 다리도 아름답다. 이렇게 볼거리가 많아서 마을이나 도로의 규모에 비하여 찾아오는 사람들이 많은 마을이다. 토마스타운(Thomastown)은 킬케니와 이니스티오게 사이에 있는 비교적 규모가 큰 마을로 중세적인 분위기를 풍긴다. 좁은 도로망 자체가 볼거리이며, 그 외에 그레낸(Grenan) 성과 다이사트(Dysart) 성 등이 있다. 이니스티오게에서 웩스포드까지는 약 55km이며, 워터포드까지는 약 40km이다.

타이타닉의 마지막 경유지 남서부

케리
코크

　남서부 지역은 코크(Cork)와 케리(Kerry) 주를 포함한다. 코크 주는 독립 운동의 중심지였으며, 공화국 건설을 주장하던 마이클 콜린스가 암살당한 곳이다. 아일랜드가 어려웠던 시기에는 코브(Cobh) 항을 통하여 많은 이민이 이루어진 아픈 역사를 안고 있다. 온난 습윤한 기후와 넓은 초원을 바탕으로 일찍부터 낙농업이 발달하였다. 케리 주는 우리나라의 남해안과 같이 리아스식 해안이 발달하여 해안선이 길다. 딩글과 케리 등 아름다운 반도가 있고, 곳곳에 넓고 긴 해변이 발달하였다. 반도는 대부분 산지이며 웅장한 빙하 지형이 아름다움을 더한다.

　코크 주에서는 N25 국도를 타고 던가반부터 코크까지의 일정을 소개한다. 이 코스의 주요 도로의 거리는 100km가 안 되지만, 다양한 유적지를 볼 수 있는 여정이다. 여정이 시작되는 던가반은 워터포드에서 남서 방향으로 40km의 거리에 있는 작은 타운으로, 걸어서 한두 시간이면 거의 돌아볼 수 있다. 바이킹과 잉글랜드 크롬웰의 침략을 경험한 곳으로 던가반 성과 수도원 등 다양한 유적이 남아 있다. 19세기 초까지는 크게 번성하였던 타운이었지만, 감자 기근 이후 많은 사람들이 이 항구를 떠났다. 해질 무렵 타운 중심에서 가까운 항구의 한가로운 모습도 아름답다. 항구 주변을 포함하여 타운의 중심은 걸어서 돌아볼 수 있으며, 중심에는 호텔, B&B, 펍 등이 있어서 하루를 쉬어 가기에 알맞은 곳이다. 이 타운 남쪽의

던가반 항구 : 파랑이 심하지 않은 곳이어서 보트 놀이에 적합하고, 석양의 고요한 모습이 인상적이다.
2004

링(Ring)이란 마을 부근에서 항구 방향으로 모래톱이 길게 발달하였으며 철
새 도래지로 유명하다.

링은 아일랜드 남동 지방에서는 보기 드문 겔탁트 구역으로 마을의 안내
판 등이 게일 어로 되어 있다. 여름철에는 아이리시 전통을 배우기 위한 캠
프가 열리기도 한다. 이곳부터 드라이브하기에 좋은 한적한 해안 도로가
발달하여 있으며, 남쪽으로 달리면 애드모어(Ardmore)에 이른다. 애드모어
는 해안에 자리한 작고 깨끗한 마을로, 마을 뒤의 언덕에 거의 완벽하게 보
존된 30m가 넘는 라운드 타워가 있다. 마을의 북쪽으로는 커러(Curragh) 해
변이 넓게 발달하였는데, 모래가 매우 부드러워 여름철에는 많은 인파가
모이고 주변에 캠핑장도 마련되어 있다. 관광 안내소는 여름철에만 운영된
다. 해변 뒤의 내륙에는 올록볼록한 빙하 퇴적 지형이 발달하였다.

애드모어의 라운드 타워 : 애드모어는 작은 해안 마을로, 마을 뒤의 언덕에 30m가 넘는 라운드 타워가 거의 완벽하게 보존되어 있다. *2004*

애드모어를 빠져나오면 바로 코크 주가 시작되며, 첫 타운이 욜(Youghal)이다. 코크 주는 대표적인 게일릭 경기의 하나인 헐링이 강한 고장으로, 곳곳에서 헐링 경기 사진을 볼 수 있다. 우회 도로를 타고 욜을 통과할 수도 있으나 타운에 들어서면 바이킹이 세운 성벽과 세인트메리(St. Mary) 교회, 클럭게이트(Clock gate), 워터게이트(Water gate) 등 다양한 볼거리가 있다. 타운의 주도로는 일방통행이므로 양방향을 돌아보아야 볼거리를 다 볼 수 있다. 바이킹의 성벽은 높은 언덕에 거의 원형대로 남아 있다. 클럭게이트는 코크에서 워터포드 방향의 주도로 상에 있어서 서쪽 방향으로만 달리면 놓칠 수 있다. 한때 감옥으로도 사용되었으나 지금은 박물관이 자리하고 있으며, 타운의 상징적인 건물로 자리 잡았다. 방문자 센터 옆에는 조그만 항구가 있어서 잠시 휴식을 취할 수 있다. 타운을 벗어날 무렵의 등대와 남쪽

욜의 클럭게이트 : 타운의 상징과 다름없는 건축물로 지금은 박물관이 들어서 있다. *2005*

아이리시 위스키 제임슨 : 아이리시 위스키 제임슨은 부드럽기로 이름나 있다. *2004*

클로나드(Clonard) 해변도 아름답다. 그 해변을 따라서 해안 보호를 위하여 그로인을 설치한 것이 뚜렷하게 들어온다.

욜을 빠져나와 N25 국도를 타고 달리는 길의 오른쪽(내륙)으로는 코크까지 나지막한 언덕이 계속 이어진다. 마지막 빙기에 빙하가 덮여 있었던 남쪽의 한계로, 그 때 만들어진 모레인이라고 불리는 언덕이다. 이것은 빙하가 이곳까지 이동하였음을 보여 주는 증거이기도 하다. 약 20km를 더 달리면 미들톤(Midleton)이란 타운이다. 이 타운에는 부드럽기로 유명한 아이리시 위스키 제임슨(Jameson)이 있다. 이곳의 방문자 센터에 들르면 아이리시 위스키와 그와 관련된 다양한 기념품을 살 수 있고, 원하면 공장을 견학할 수도 있다.

타운을 빠져나오면 아일랜드에서는 보기 드문 왕복 4차선의 시원한 도로가 시작된다. 이 도로를 8km 정도 달리면 타이타닉으로 유명한 코브 항이 있는 그레이트 섬으로 들어가는 R624 도로를 만난다. 코브 항은 19세기

코브 항 최초 이민자 기념 동상 : 코브 항은 19세기에 수많은 아이리시들이 미국 이민을 위해 고국을 떠나야 했던 슬픈 역사를 안고 있는 항구로, 그 기념 동상이 코브 헤리티지 센터 앞에 있다. *2005*

감자 기근 당시 250만 명의 아이리시들이 미국 이민을 떠나야 했던 슬픈 역사를 안고 있는 항구로, 그 기념 동상이 코브 헤리티지 센터 앞에 있다. 코브는 게일 어로 '항구' 의 의미를 가지며, 천연의 항구로 수심이 깊어 미국으로 가기 위해 대서양을 횡단하는 큰 배가 정박하는 곳이다.

또한 이곳은 유명한 타이타닉이 들렀던 퀸스타운이기도 하다. 타운의 항구에는 타이타닉 바가 있고 그 안에는 코브 항 출항 당시의 모습과 배의 모습을 담아 놓은 역사적인 사진과 관련된 기념물 등을 전시하고 있다. 이 바는 타이타닉호 침몰 당시 살아남은 최연소자가 세운 것이다. 그는 이 건물 2층에 있는 우체국에서 연금을 받아서 살았는데, 그 연금으로 산 복권이 당첨되었다. 그 당첨금으로 건물을 구입하여 바를 차렸고, 배에 관련된 다양한 기념물을 수집하여 전시하고 있다. 바의 맞은편에는 1차 대전 당시 독일 잠수함의 공격으로 침몰한 영국 호화 여객선 루시타니아(Lusitania)호

타이타닉의 주요 일지

1908년 해운회사 White Star Line이 벨파스트 조선소에 세 개의 호화 유람선
　　　　(Olympic, Titanic, Gigantic)을 주문

1911년 타이타닉 진수

1912년 타이타닉 완성
　　　　길이 882피트 9인치
　　　　폭 94피트
　　　　높이 180피트
　　　　엔진 46,000마력
　　　　용량 46,328톤

1912년 4월 3일 : 영국의 사우샘프턴 항구에 도착

　　　　4월 10일 : 처녀항해(선장 Edward Smith), 오후 6시 30분 셰르부르(프) 도착

　　　　4월 11일 : 아일랜드 코브 항 도착하여 오후 1시 55분 뉴욕을 향하여 출항

　　　　4월 14일 : 밤 11시 40분경 빙상에 충돌(맑고 고요한 밤, 당시 기온 −1℃)

　　　　4월 15일 : 새벽 0시 25분 승객 탈출 시작
　　　　　　　　　　(당시 승객은 2,225명, 구명보트 정원은 1,178명)

　　　　　　　　　2시 40분 타이타닉 침몰

　　　　　　　　　4시 10분 구조선 Carpathia 도착

　　　　4월 18일 : 750명의 생존자와 함께 Carpathia 뉴욕 도착

타이타닉 바의 웹 사이트 : http://www.titanicqueenstown.com/

의 희생자를 추모하는 동상이 서 있다. 이곳의 Royal Cork 요트 클럽은
1720년에 만들어졌으며, 영국과 아일랜드에서 가장 오래된 것이다. 항구
앞의 가게와 그 뒤로 우뚝 솟은 고딕 양식의 세인트클로맨(St. Cloman) 성당
도 볼거리의 하나이다. 이곳에서 코크까지는 20분 이내의 거리이다.

　코크는 리(Lee) 강 하구에 발달한 아일랜드 제2의 도시로서 도시 중심부

는 하중도에 발달하였다. 코크(Cork)는 아이리시 말로 '습지'를 뜻하는 'Corcaigh'에서 유래한다. 아일랜드의 도시 중에는 하중도에 발달한 곳이 많다. 그러므로 주요 볼거리가 있는 시내 중심부는 걸어서 다니는 것이 가능하다. 코크는 18세기에 버터 거래소가 만들어지면서 버터의 중심지가 되었다. 중심지의 바로 북쪽으로 세인트앤(St. Anne) 성당이 있으며 그 이웃에 버터 박물관과 버터 창고가 남아 있다. 세인트패트릭 거리에는 주요 상가가 몰려 있으며, 가까운 곳에 오페라 하우스, 크로포드(Crawford) 갤러리 등이 있다. 이 도로의 북쪽 끝에는 감자 대기근 시 가난한 사람을 도왔던 매튜(Mathew) 신부를 기념하는 동상이 있다. 중심지 남쪽에 있는 세인트핀배레(St. Fin Barre) 성당은 19세기에 지어진 아름다운 프랑스풍의 고딕 양식으로 역시 볼 만한 곳이다. 가까운 곳에 엘리자베스 1세가 스페인의 침략에 대비하여 세운 요새가 남아 있다.

그 밖에 피츠제럴드(Fitzgerald) 공원에 있는 코크 시 박물관에서는 이 도시의 역사를 되돌아볼 수 있다. 도시 중심에서 10km 정도 북쪽에 있는 블라니(Blarney) 성도 많은 사람이 찾는 곳이다. 이 성의 꼭대기에 블라니 스톤이라는 돌이 있는데, 몸을 뒤로 젖혀서 그것에 키스하면 소원이 이루어진다고 하여 많은 사람들이 줄을 선다. 성은 15세기에 지어진 것으로, 높이가 26m이고 바닥의 높이가 3.5m로 웅장해 보인다.

케리 주에는 딩글 반도와 케리 반도를 중심으로 가볼 만한 곳이 많다. 케리 반도를 순환하는 도로를 링오브케리(Ring of Kerry)라고 하며 N70과 N71, N72 국도를 이용하면 약 182km이며, 그 자체가 아름다운 코스이다. 이 코스를 이용할 경우 주로 해안 경관만을 보게 된다. 산지를 넘는 여정은 100km를 조금 넘는 거리이다. 그러나 중간의 켄메어(Kenmare)에서 하루를 보낸다면 1박 2일이 적당하다. 주로 권곡과 U자곡 등 빙하 지형과 성, 수도원, 돌 요새 등의 유적지를 볼 수 있다. 주변에는 아일랜드에서 가장 높은

린 호 : 석회암의 용식으로 만들어진 것으로 아일랜드에서 가장 아름다운 호수이다. *2005*

카론투힐 산도 있는 곳으로, 길이 좁고 굴곡이 심하며 경사가 급하다. 때로는 집중 호우가 내릴 수 있는 지역이므로, 직접 운전할 경우에는 미리 일기예보를 확인하는 것이 안전한 여행에 도움이 된다.

이 코스에는 케리 주에서 가장 큰 도시인 킬라니(Killarney)와 켄메어 등 비교적 큰 타운이 있다. 두 타운은 남서부 지역 휴양지의 중심으로 많은 외지인이 찾는 곳이다. 린(Leane) 호와 킬라니 국립공원을 끼고 있는 킬라니는 아일랜드에서 가장 아름다운 타운으로 꼽히며, 주변의 무성한 숲이 더욱 아름다움을 더한다. 그중에서도 세인트메리 대성당과 교통 박물관이 둘러볼 만한 곳이다. 타운의 서쪽에는 54홀을 갖춘 챔피언십 골프코스가 있다. 린 호 주변에는 15세기에 건축된 로스(Ross) 성과 폐허의 수도원 등이 있다.

N71 국도를 타고 켄메어 방향으로 타운을 막 벗어날 무렵 오른편으로 린 호의 로스 성으로 가는 길이 있다. 린 호는 석회암의 용식으로 만들어진

레이디스 전망대에서 본 어퍼 호 주변 : 레이디스 전망대에 올라서면 울퉁불퉁한 킬라니의 경치를 감상할 수 있다. *2004*

아일랜드에서 가장 아름다운 호수로, 호수 주변에 숲이 우거져 있다. 린 호를 끼고 있는 킬라니 국립공원은 푸른 잔디의 넓은 공원이 있어 휴식을 취하기에 좋은 곳이다. 잔디 공원을 둘러싸고 있는 키 큰 소나무는 우리의 눈에도 익숙한 모습이다. 지나는 길에 점심을 먹고 가기에도 좋다.

공원을 빠져나와 숲길을 벗어나면 아름다운 호숫가의 풍경과 함께 산길이 시작된다. 역시 주변에는 빙하가 만들어 놓은 깊은 골짜기가 있는 산지가 펼쳐져 있다. 이 길에서 처음 맞이하는 레이디스(Ladies) 전망대 아래로 울퉁불퉁한 킬라니 주변의 경치가 전개된다. 그러나 빙하가 만든 골짜기라 앞이 시원하다. 이곳에는 커피숍이 있어서 가볍게 차를 마시면서 피로를 풀기에 적합하다. 약 5km를 더 가면 몰스갭(Moll's Gap)으로 R568 지방도와 만나는 삼거리이며, 지나온 길과 가야 할 길을 전망할 수 있는 장소이다.

차하 산지의 힐리 고개 : 고개 주변의 경치가 장관이고 남북 방향으로 보이는 만이 아름다움을 더한다.
2005

켄메어 방향으로 내려서면 멀리 켄메어 만이 눈에 들어온다. 여기서 켄메어까지는 10km 정도이다.

켄메어는 레이스로 유명한 타운이며, 남쪽의 비라(Beara) 반도로 가는 길목이다. 타운 전체가 관광지라 할 만큼 주요 도로를 따라서 호텔과 B&B, 펍 등이 늘어서 있다. 링오브케리와 링오브비라(Ring of Beara)가 만나고 시작되는 곳이다. 가까운 곳에는 자동차 박물관을 포함한 작은 박물관들이 있다. 또한 멀지 않은 곳에 접착제를 사용하지 않고 돌로만 만든 크롬웰(Cromwell) 다리가 있다. 다리의 이름은 '콧수염'을 뜻하는 아이리시 말 '*crombheal*'에서 온 것이다. 만약 여름철에 이곳에서 숙박을 할 경우에는 해가 길므로, 도착 후에 남쪽의 링오브비라의 일부를 둘러볼 수 있다. 특히 차하(Caha) 산지를 넘는 힐리(Healy) 고개 주변의 경치가 장관이며, 전망대

던로 협곡 : 빙하가 흐르면서 파놓은 골짜기이지만 울퉁불퉁한 모습이 마치 외계에라도 온 듯한 착각에 빠지게 한다. *2005*

에서 보이는 북쪽의 켄메어 만과 남쪽의 밴트리(Bantry) 만이 아름다움을 더한다. 차하 산지는 사암 지대로 곳곳이 마치 앙상한 등뼈를 보는 듯하다.

　켄메어에서 N70 국도를 타고 27km 정도를 달리면 스님(Sneem)이란 마을이 나온다. 스님 강의 하구에 자리하고 있어서 여름철에는 캠핑장이 붐빈다. 스님에서 R568을 타고 몰스갭으로 가는 길에는 소규모의 빙하 지형과 스펀지 같은 보그가 발달해 있다. 몰스갭을 약 1km 남겨 놓고 좌회전하면 던로 협곡(Gap of Dunloe)으로 가는 길로 들어선다. 이 골짜기는 마지막 빙기에 빙하가 흐르면서 파놓은 골짜기이지만, 기반암이 사암이어서 부드러운 U자곡이 아니라 울퉁불퉁하다. 내려가는 길에는 규모가 작은 빙하호도 발달해 있다. 골짜기의 모습은 마치 외계에라도 온 듯한 착각에 빠지게 한다. 산길을 거의 다 내려가면 Kate Kearney's Cottage가 있으며 펍과 기

딩글 항구 : 울긋불긋한 고깃배와 작은 항해용 보트가 가득 차 있으며, 뒤로 보이는 산지에 아일랜드에서
가장 높은 고개인 코너가 있다. *2004*

념품 가게 등이 들어서 있고, 조랑말이 끄는 마차를 탈 수 있다. 이곳에서
10km를 조금 더 가면 킬라니이다.

딩글 반도를 둘러보는 코스는 약 150km이다. 웅장한 빙하 지형과 해안
의 절경과 더불어, 곳곳에서 유적지를 볼 수 있다. 킬라니에서 딩글까지는
지방도 R563과 R561을 이용하여 갈 수 있다. 인치포인트라는 모래톱까지
의 좁은 도로변에는 우리나라의 백일홍을 연상하게 하는 수령초가 피어 있
다. 수령초는 백일홍과 같이 7월부터 피어나기 시작하여 10월까지 이어진
다. 모래톱을 지나면서부터 10km 구간은 해안 절벽이 이어진다. N86 국도
를 만나고부터 빙하가 파놓은 웅장한 산지의 모습이 신비롭게 다가온다.
큰 굴곡으로 굽이치는 산지와 더불어 간간이 폭탄 공격을 당한 듯한 빙하
웅덩이(권곡)가 뚜렷하게 드러난다. 푸른 초원에는 양들이 밥풀처럼 붙어서

갈라러스 기도원 : 돌만 사용하여 만든 기도원으로 주민들은 피라미드와 비교할 정도로 그 정교함에 대한 자부심이 크다. 아일랜드에서는 보기 드물게 입장료를 내는데도, 많은 관광객과 신자들이 찾는다. *2004*

열심히 풀을 뜯고 있다.

　N86번 도로가 끝나는 딩글은 유럽 최서단의 타운이다. 주로 게일 어를 사용하는 겔탁트 구역으로, 도로 표지판이 게일 어로만 된 것이 많다. 항구에는 울긋불긋한 고깃배와 작은 항해용 보트가 가득 차 있으며, 운이 좋은 날에는 항구 너머의 바다에서 돌고래가 뛰노는 모습도 볼 수 있다. 딩글 타운의 작은 가게에서는 아기자기한 기념품을 팔고 있다.

　R559 도로의 밀타운(Milltown) 삼거리에서 오른쪽으로 들어서서 10여km를 달리면 돌로 만들어진 갈라러스(Gallarus) 기도원이 있다. 돌만을 사용하여 정교하게 만들어진 것으로, 서쪽 방향으로 좁은 입구가 있고 동쪽으로 작은 창문이 있을 뿐이다. 초기 기독교 건축의 가장 완벽한 사례로 꼽히며, 신자는 물론 많은 관광객이 찾는 곳으로 종종 기도회가 열리기도 한다. 기

도원에서 아일랜드 서단인 슬리 곶까지는 곳곳에 해식애가 절경을 이루고 있으며, 빙하가 만들어 놓은 아름다운 산지가 펼쳐진다. 도로변의 주차장에서 바닷가를 내려다보면 사암에 발달한 거친 해식애와 해식 동굴 등을 볼 수 있다.

슬리 곶에서 딩글로 향하는 길에도 해식애가 장관을 이루며, 그것이 끝날 무렵에 있는 벤트리(Ventry)라는 마을의 초승달 모양의 해변은 낚시와 일광욕을 즐기기에 적합한 곳이다. 딩글에서 아일랜드의 가장 높은 고개인 코너(connor) 고개로 향하면 더욱 가까이에서 빙하 지형을 감상할 수 있다. 약 7km의 초원 사이로 난 좁은 길을 달리면 양쪽으로 훤하게 뚫려 있는 코

딩글 반도의 해안 절경 : 딩글 반도의 해안을 따라서 해식애가 장관을 이룬다. *2004*

코너 고개의 빙하 지형 : 딩글 반도의 산지에는 빙하에 의하여 파인 권곡이 탁월하게 발달하였다. 그런 곳에 물이 고여 높은 산지에서도 호수를 볼 수 있다. *2005*

너 고개에 이른다. 이곳에서는 딩글 반도의 남쪽과 북쪽 바다를 모두 볼 수 있으며, 북쪽의 해안까지 이어지는 경치가 볼 만하다. 고개를 내려가는 길은 좁고 굴곡이 심하여 매우 조심하여야 한다. 그러나 2km 정도 떨어진 곳의 주차장에서 감상하는 빙하 지형이 그간의 피로를 말끔히 씻어 준다. 아일랜드에서는 가장 가까이에서 권곡을 볼 수 있는 곳으로 호수의 시원한 물을 만질 수 있다. 또한 주차장 바로 옆에는 산지에서 흘러내리는 폭포가 있어 잠시 긴장을 풀기에도 좋다.

　다시 좁은 길을 달려 거의 평지에 이르면 킬쿰민(Kilcummin)이라는 마을의 10km가 넘는 아름다운 해변이 반긴다. 이곳부터 트랄리(Tralee)까지는 35km 정도이다. 중간의 데리모어(Derrymore)라는 마을의 해안에는 5km가 넘는 해변과 사취가 잘 발달되어 있어 여름철에 휴양객이 많다. 여유가 있으면 잠시 해변에 들러 대서양에 손을 담가 보는 것도 좋을 것이다. 트랄리는 작은 타운으로 장미 축제가 열리기도 하는데, 이 때 세계 각지에서 참가한 여성들을 대상으로 미인 선발 대회가 열린다.

아일랜드의 휴양지 섀넌 강 하류

섀넌 강 하류 지역에는 클레이(Clare), 리머릭(Limerick), 티퍼레리 (Tipperary) 주가 포함된다. 클레이 주와 리머릭 주는 섀넌 강을 경계로 서로 마주 보고 있으며, 그 상류의 더그 호를 마주 보면서 클레이 주와 티퍼레리 주가 자리한다. 리머릭과 티퍼레리 주 사이의 갤티모어(Galtymore) 산(919m) 을 제외하고는 대부분 500m 이하의 낮은 산지이다. 이 지역에서는 버렌 지방을 중심으로 서쪽의 해안과 더그 호 주변, 그리고 그 동쪽의 역사 유적 지가 볼거리이다.

서쪽 해안 코스는 총 거리가 130km 정도이며, 석회암과 해안 지형의 아 름다움, 그리고 그 주변의 유적지 등이 볼거리이다. 가는 길에 들를 만한 곳으로는 골웨이 주의 고트(Gort)와 클레이 주의 에니스(Ennis)가 있는데, 골 웨이에서 출발하여도 하루에 모두 돌아볼 수 있다.

골웨이에서 N18 국도를 타고 리머릭으로 가는 길에 N67 국도를 만난다. N67을 10km 정도 달리면 바다를 끼고 오래된 성(Dunguaire 성)이 보인다. 성벽의 가장자리로 돌아서 보면 다양한 색상의 아름다운 어촌 킨바라 (Kinvarra)가 한눈에 들어온다. 감자 기근 이전까지만 하여도 크게 번성하였 던 마을이나, 이민 행렬 이후 작은 마을에 머물고 있다. 그러나 마을 안에 는 고풍스러운 초가지붕의 호텔을 포함하여 B&B와 펍, 레스토랑 등 이방 인을 맞이할 준비가 항상 되어 있다. 골웨이 만 안의 작은 만에 자리하고

킨바라 항구 : 항구에는 알록달록한 색으로 치장한 작은 고깃배와 그것에 어울리는 건물의 색상이 한가
로움을 더해 준다. *2003*

있는 항구에는 알록달록한 색으로 치장한 작은 고깃배들이 한가로움을 더
해 준다.

　마을을 벗어나 남쪽으로 향하노라면 좁고 구불구불한 길과 숲으로 우거
진 곳이 종종 나타나므로, 운전을 하는 경우에는 아주 조심해야 한다. 간혹
길가에 나와 풀을 뜯고 있는 양을 만나는 경우도 있다. 그런 가운데도 오른
편으로 펼쳐지는 해안의 잔잔한 풍경과 왼편으로는 겹겹이 쌓인 흔적이 그
대로 드러난 석회암 산지가 잠시도 눈을 뗄 수 없게 한다. 이 석회암 지대가
버렌 국립공원이다. 다시 20km를 달리면 밸리반(Ballyvaghan)이란 마을이다.

　밸리반은 버렌의 산지를 오르는 사람들이 대부분 들르는 곳이다. 사람들

버렌 국립공원의 해안 : 버렌 국립공원에 들어서면 겹겹이 쌓인 석회암과 용식의 흔적을 확인할 수 있다.
2003

은 이곳에서 걷거나 사이클을 이용하여 산길을 달린다. 여러 개의 펍에서
는 마을 분위기에 어울리는 전통 음악과 가까운 바다에서 잡아 올린 생선
요리를 즐길 수 있다. R477을 타고 8km 정도를 달려 좁은 커브를 돌아서
면, 오른쪽으로 웅장한 해안 절벽(해식애)과 더불어 멀리 아란 섬이 보인다.

바이킹풍의 Doonagore 성 : 이곳에서는 멀리 아란 섬과 시원한 대서양을 조망할 수 있다. *2003*

주변에 주차할 수 있는 곳이 있어서 해안의 장관과 석회암의 용식 상태를 직접 확인할 수 있다. 곳곳에 조개류의 화석이 널려 있으며 작은 것을 주울 수도 있다.

이곳에서 10여km를 더 달리면 R479를 만나며, 이 길로 들어서면 둘린 (Doolin)에 이른다. 가까이에는 백사장과 넓은 모래 언덕이 발달하였으며, 그곳에서 많은 사람들이 캠핑을 즐긴다. 둘린에서 아란 섬은 8km 정도로 여름철(4~9월)에는 카페리가 운항된다. 마을 안의 펍에서 라이브로 연주되는 전통 음악을 듣기 위해 수많은 인파가 몰린다. 여름철에는 때로 교통 체증이 발생하기도 하나, 우리와는 비교가 안 되는 수준이다. 클립스오브모어(Cliffs of Moher)로 가기 위하여 언덕을 올라서면, 그곳에 바이킹풍의

클립스오브모어 : 해안 절벽의 길이가 약 10km에 이르며, 최대 높이는 200m가 넘는다. *2004*

Doonagore 성이 우뚝 서 있다. 성 주변에서는 멀리 아란 섬과 시원한 대서양을 조망할 수 있다.

이곳에서 5km 정도를 가면 클립스오브모어를 보게 된다. 이 해식애의 장관은 어떤 수식어를 쓴다 하여도 표현하기 어려울 정도이다. 날씨에 관계없이 장관이 연출되나 바람이 강한 날 근처에 있는 것은 매우 위험하다. 하지만 많은 사람들이 위험을 무릅쓰고 스릴을 즐기며, 아무도 말리지 않는다. 게다가 이런 장관을 보는 데도 입장료를 받지 않는 것이 우리와 다르다. 여름철에는 입구를 따라서 수제품을 파는 다양한 노점상이 들어서기도 하며, 커피숍과 기념품 가게가 연중 운영된다.

다시 R478을 타고 남쪽으로 달리면, 챔피언십 올드링크가 있다. 골프 코

Lehingh 마을 : 아일랜드에서 잘 알려진 휴양지로 여름은 물론 겨울철에도 많은 인파가 몰린다. 마을 주변에 다양한 휴양 시설이 갖추어져 있다. *2005*

스의 티가 모래 언덕으로 완전히 가려져 있으며, 아일랜드의 세인트앤드루스로 유명하다. 세인트앤드루스는 스코틀랜드에 있는 골프의 발상지이며, 올드링크가 광대한 해안 사구에 조성되었다. 골프장에 이어지는 Lehinch 마을은 아일랜드에서 잘 알려진 휴양지이다. 여름에는 물론 겨울철에도 1마일이 넘는 백사장과 골프장 등에 많은 인파가 몰려든다. 타운 안에는 수많은 펍과 레스토랑 등이 있으며, 주변에는 휴양지답게 캠핑장, 캐러밴, 호스텔 등이 갖추어져 있다.

이 마을에서 N67 국도를 타고 북쪽으로 향하다가 R481과 R476, R480을 타면, 버렌의 한복판을 지나게 된다. 버렌 석회암 산지에는 돌이 많은 지방답게 돌 요새와 신석기 시대의 고인돌 등이 있다. 고인돌 지대 주변부터는 황량한 들판 그 자체이다. 석회암의 용식 작용은 물론 멀리 작은 습곡 지형 등을 볼 수 있다. 또한 이 지역은 물이 지하로 흐르기 때문에 마른 계곡이 란 점이 아일랜드의 다른 곳과 크게 구별된다. 밸리반에 거의 다 가서 석회 동굴인 아일위(Aillwee) 동굴이 있다. 석회 동굴 자체는 우리나라 것이 더 장관이지만, 그 곳에 올라서서 바라보는 경치는 아일위 동굴이 장관이다. 여유가 있다면 가볍게 차를 마시면서 하루의 피로를 풀 수도 있다. 게다가 아일랜드의 찻값은 아주 싼 편이다. 우리나라 커피 값의 1/3만으로도 분위기 좋은 찻집에서 커피나 아이리시 차를 마실 수 있다. 동굴 입구에는 기념품 가게가 있으며, 주변에서 생산된 치즈도 맛볼 수 있다. 이곳에서 일정이 끝나는 킨바라까지의 거리는 약 22km이다.

하나의 코스로 구성하지 않았지만, 더그 호 주변도 경치가 좋고 유적지가 많은 곳이다. 더그 호는 길이가 약 40km, 폭이 3km에 이르며, 주변을 둘러싸고 있는 숲이 우거진 산지와 어우러져 매우 아름답다. 호숫가에는 10개가 넘는 작은 부두가 있으며, 그 주변에는 전망대와 피크닉 장소 등 다양한 휴식 공간이 있다. 호수 남쪽에 자리한 킬럴루(Killaloe)는 호수에서 새넌 강이 다시 시작되는 목 부근의 마을이며, 여름철에는 관광 안내소가 문을 연다. 강 건너의 밸리나(Ballina) 마을을 이어 주는 돌로 만들어진 13개의 아치형 다리가 있다. 킬럴루에서는 주변의 산지와 살짝 구비치면서 흐르는 강물의 아름다움, 다양한 유적지를 볼 수 있다.

마을의 북서쪽에 자리한 Bour 요새는 더그 호의 아름다움을 감상하기에 좋은 곳이다. 그곳에서 3km 정도를 더 가면 캠핑장과 캐러밴이 있어 수상 스키, 요트 등의 물놀이를 즐길 수 있다. 그 밖에 마을의 남쪽에 19세기에 복원된 12세기의 세인트플라남 성당(St. Flannam's Cathedral)이 있다. 이 성당은 출입문의 로마네스크 양식의 조각과 하이 크로스, 고대 문자가 새겨진 비 등이 볼거리이다. 강 건너의 밸리나는 킬럴루와 주는 다르지만 하나의

생활권을 이룬다. 밸리나에는 다양한 종류의 배를 대여하는 곳이 있으므로, 그곳에서 배를 빌려 호수를 즐길 수 있다.

더그 호 동쪽의 니나(Nenagh) 타운에서는 13세기에 바이킹이 세운 성과 북부 티퍼레리 역사 센터(Tipperary North Heritage Center)와 가족 역사 연구 센터(Family History Research Center) 등 아일랜드의 역사를 돌아볼 수 있는 장

13개의 아치 다리 : 다리 건너로 보이는 마을이 킬럴루이며, 뒤로 세인트플라남 성당이 보인다. *2004*

더그 호 : 더그 호는 길이가 약 40km, 폭이 3km에 이르며, 주변을 둘러싸고 있는 산지와 어우러져 매우 아름답다. *2005*

소가 있다. 가족 역사 연구 센터는 우리의 족보와 같은 아일랜드의 가족사를 파악할 수 있는 곳으로, 뿌리를 중요하게 여기는 아이리시의 일면을 엿볼 수 있다. 이웃하고 있는 세인트메리 성당은 아일랜드에서 보기 드물게 웅장하면서도 정교하며, 스테인드글라스가 눈을 끈다.

티퍼레리 주의 카셸(Cashel)도 역사적인 장소이다. 특히 더블린 방면에서

록오브카셀 : 석회암 바위 위에 지은 성당으로, 10세기에 만들어진 라운드 타워와 세인트패트릭 십자가가 있다. *2004*

N8 국도를 타고 타운으로 들어설 때 한눈에 들어오는 록오브카셀(Rock of Cashel)은 둘러볼 만한 유적지이다. 석회암 바위 위에 지은 지금은 폐허가 된 성당으로, 10세기에 만들어진 라운드 타워와 세인트패트릭 십자가가 있다. 또한 동양적인 분위기의 아름다운 기도실이 보존되어 있다.

리머릭은 섀넌 강 하구에 발달하였으며 바이킹이 건설한 대표적인 도시이다. 이 도시는 인구 규모 면에서 골웨이와 순위 다툼을 벌일 정도로 비교적 큰 도시이다. 작은 도시에 비하여 계획적으로 직교상의 도로가 만들어졌으며 도로 폭도 비교적 넓다. 13세기에 세워진 킹존스 성은 섀넌 강변에 있으며 드럼통 모양의 라운드 타워가 있다. 그 성과 이웃하고 있는 Thomond 다리의 아치도 아름답다. 도시의 중심이라 할 수 있는 오코넬 거리의 끝에는 독립 운동을 하였던 오코넬의 기념비가 서 있다. 리머릭에서 딩글 반도로 가는 N21 국도 상의 아다레(Adare)라는 작은 마을은 지나는 길에 쉬어 갈 만한 마을로, 아일랜드에서 가장 예쁜 마을로 뽑히기도 하였다. 마을에 들어서면 도로를 따라 늘어선 초가지붕이 운치를 돋우며, 펍과 레스토랑 등이 줄지어 있다.

애더레의 초가지붕 · 애더레는 아일랜드에서 가장 예쁜 마을로 뽑힌 적이 있으며, 마을 입구에서부터 볼 수 있는
초가지붕이 운치를 더한다. *2005*

킬

아클사운드

말라라니

대서양 드라이브

크로 만

캐슬바

웨스트포트

N59

N58 N25

N17

N5

N83

N60

N4

N17

마스크 호

린넌

킬래모어
수도원

조이스
컨트리

클론버

콩

R334

헤드포드

스카이로드

더투웰브핀스

맘

R345

코리브 호

클리프덴

R336

맘크로스

우스라드

N63

메이스 곶

R336

N59

N17

N18

골웨이

N6

R336

골웨이 만

던불론 만

클라이언브리지

R347

아란 제도

N67

R347

N18

감자 기근의 현장 코노트

마요 로스코몬
골웨이

코노트(Connaught) 지역에는 골웨이(Galway), 마요(Mayo), 로스코몬 (Roscommon) 주가 포함된다. 아일랜드에서 가장 긴 강인 섀넌 강의 서쪽 지방이다. 크롬웰이 아일랜드를 정복하였을 때, 그곳 사람들에게 '살고 싶은 자는 섀넌 강을 건너라'고 하였을 만큼 척박한 곳이다. 섀넌 강 서쪽 지방에는 코노트 지역 외에 클레이와 슬라이고 주가 포함되며 역시 척박한 곳이다. 이 지역의 들판은 대부분 토양이 없는 보그층으로 농사가 거의 불가능하고, 그렇지 않는 곳은 바위가 그대로 드러난 산지이다. 게다가 대서양에 그대로 노출되어 있어 바람이 강하다. 하지만 그런 만큼 아이리시의 전통을 가장 잘 보존하고 있는 지역이기도 하다. 이 지역에서는 겔탁트 구역임을 알리는 표지판이 자주 눈에 띈다.

코노트 지역은 아일랜드 어느 곳보다도 이색적인 경관이 많은 곳이다. '왜 저렇게 쌓았을까' 하는 생각이 들 정도로 끝없이 이어지는 돌담, 풀 한 포기 자라기 어려워 보이는 바위산, 황량한 들판, 그리고 그 위에 쌓아 놓은 토탄 더미 등. 사람들의 다정한 모습이 어울리지 않을 정도이다. 오래 전에 'The quite man'이란 영화가 촬영된 곳이 있어서, 그와 관련된 볼거리가 많은 편이다.

코노트 지역에서는 골웨이 시와 골웨이 서쪽 지방이 가볼 만하다. 골웨이 만에 자리한 골웨이는 아일랜드 제3의 도시로 코노트 지방의 중심지이다. 그러나 시내 중심에서도 높은 빌딩을 보기 어려울 만큼 도시적인 모습을 찾기 어렵다. 넓고 시원한 도로망 대신 좁고 구불구불한 길은 작은 시골을 연상케 한다. 하지만 골웨이는 아일랜드의 대표적인 휴양지로 겨울에는 시내가 한가하지만, 여름철에는 거주자(약 6만 8천만 명)보다도 이방인이 더 많을 정도로 곳곳이 붐빈다. 또 시내의 펍에서는 아이리시보다 외국인을 더 많이 만날 수 있다.

골웨이는 지나는 길에 잠시 들르기보다 충분한 시간을 갖고 찾을 만한 도시이다. 그러나 여기서 소개하는 시내의 중심 지역은 걸어서 하루 중에 둘러볼 수 있는 정도이다. 도시는 동서로 길게 발달하였으며, 그 가운데를 코리브 강이 평화롭게 흐르고 있다. 골웨이 시의 많은 볼거리가 이 강을 따라서 자리한다. 코리브 강 하구의 구항구에는 백조가 서식하고 있으며, 구항구를 따라서 길게 늘어서 있는 파스텔조의 건물이 파란 바다색과 어우러져 아름다움을 더한다. 구항구의 입구에는 과거 이 도시가 스페인과의 무역 중심지였음을 보여 주는 듯이 1584년에 세워진 스페인 아치가 남아 있다. 그 앞에 젊은이들이 많이 모이는 스페인 광장이 있다. 그러나 스페인 아치가 반드시 스페인과의 관계에 의해서 만들어진 것인지는 불분명하다. 그 옆으로는 초라하게 보이는 골웨이 시립 박물관이 있으며, 그 안에서 역사와 민속에 대한 것을 엿볼 수 있다. 강을 따라 나 있는 수로와 산책로를 한가로이 걸으면서 잠시 바쁜 일정에서 벗어나도 좋을 것이다.

강 동쪽의 시내로 들어서면, 소박하게 보이는 세인트니콜라스 성당을 만나게 된다. 이 성당은 콜럼버스가 대서양 항해를 떠나기 전에 들러 기도한 곳으로 유명하다. 성당은 누구나 자유로이 드나들 수 있으며, 입구에 걸려 있는 고지도에서 17세기 초반의 골웨이 모습을 확인할 수 있다. 성당에서 나와 중심지로 향하는 길이 숍스트리트(Shop street)로 이 도시에서 가장 붐비는 곳이다. 이 거리에서는 다양한 퍼포먼스 등이 벌어지며, 골웨이를 찾

골웨이 만에 자리한 골웨이 : 구항구를 따라서 길게 늘어서 있는 파스텔조의 건물과 백조, 갈매기 등이
파란 바다색과 어우러져 아름다움을 더한다. *2004*

스페인 광장과 스페인 아치 : 스페인 광장은 젊은이들이 많이 찾는 곳이며, 그 뒤로 스페인 아치와 골웨
이 박물관이 보인다. *2004*

골웨이의 숍스트리트 : 골웨이는 대표적인 휴양지로 여름철에는 거주자보다 이방인들로 더 붐빌 정도이다. *2004*

골웨이의 린치 성 : 15세기 한 시장이 자신의 아들을 처형시킨 장소로 유명하다. *2004*

는 사람이라면 누구나 들러 볼 만한 펍도 이 거리에 모여 있다.

거리의 가운데쯤에 있는 린치(Lynch) 성은 15세기 말에 살인범인 시장의 아들을 아무도 처형하려 하지 않자, 시장이 직접 자기 아들의 목을 매단 장소로 유명하다. 당시 목을 매달았던 벽의 틀이 그대로 남아 있다. 린치(lynch)란 영어 단어가 여기서 나왔다고도 한다. 지금은 한 은행이 들어서 있으며, 모퉁이에는 항상 동냥을 하는 사람이 지키고 있다. 숍스트리트가 끝나는 곳이 골웨이의 중심지인 에어 광장(Eire Square)이다. 택시가 광장을 메울 정도로 모여 있으며, 모든 시내버스가 이곳에서 출발한다. 이 광장의 가까운 곳에 버스 터미널과 기차역이 있다.

강의 서쪽은 과거 대부분 주택가였으며, 오늘날에는 비좁은 주택가와 사무실 등이 들어서 있다. 코리브 강의 보(洑) 바로 남서쪽으로 청동색의 구리 돔이 인상적인 세인트니콜라스 대성당(일명 골웨이 대성당)이 있다. 소박한 도시 모습 때문에 실제보다 웅장해 보이며, 많은 관광객들이 즐겨 사진을 찍는 곳이다. 봄철에 성당 앞의 다리에 서 있으면 알을 낳으려고 강으로 올라온 연어가 어도(漁道)를 뛰어넘는 모습을 볼 수 있다.

도시의 북쪽 끝으로 이어지는 골웨이 국립대학의 본관 건물도 운치 있다. 시내에서 벗어나서 서쪽으로 조금만 이동하면, 솔트힐(Salt hill)이란 동네이다. 골프장과 공원, 레저 시설, 콘도 등의 휴양 시설이 들어서 있는 동네로, 여름철이면 도로를 따라 외국 자동차들이 즐비하다.

7월 말에서 8월 초에 열리는 '골웨이 경마'는 세계적으로 유명한데, 이 시기에는 숙박할 곳을 구하기 어려울 정도로 많은 사람들이 찾는다. 9월 말에는 '굴 축제'가 열려서 신선한 굴을 맛볼 수 있다. 골웨이 시에서 15km 정도 남동쪽에 자리한 작은 만인 던불콘(Dunbulcaun) 만이 주요 굴 산지이며, 만의 끝에 있는 마을 클라이언브리지(Clarinbridge)가 그 중심지이다. 그 근처에 있는 한 바는 세계적인 스타들이 굴 요리를 먹기 위하여 찾

골웨이의 세인트니콜라스 대성당 : 청동색의 구리 돔이 인상적이다. *2004*

모란(Moran) 바 : 작은 강의 하구에 자리한 바로 굴요리가 유명하다. 예약을 하지 않고는 원하는 자리에 앉기 어렵다. *2004*

는 곳으로 알려져 있다. 누가 찾았건 간에 작은 만의 가장자리에 있는 초가 지붕의 바에 앉아 기네스와 함께 굴 요리를 먹는 것도 좋은 추억거리가 될 것이다.

골웨이 서쪽 지방의 코스는 황량하게만 보이는 코네마라 국립공원이 그 중심이다. 이 코스는 대략 190km이며, 볼 것이 많아 부지런히 움직여야 한 다. 게다가 지나는 도로가 굴곡이 심할 뿐만 아니라 좁고 울퉁불퉁한 구간 이 많아 초행자에게는 만만치 않은 곳이다. 이 지방에서는 국도라고 하여 도 노면의 상태가 우리나라의 이름 없는 도로만도 못한 경우가 많다. 도로 가 점차 개량되고 있으나 갑자기 좁아지는 곳이 많으므로 도로 표지판을 유심히 살펴야 한다.

골웨이 시내에서 N59 국도를 타고 30여 분을 달리면 큰 마을 우스라드 (Ougtherard)에서 완전히 벗어나 갑자기 시원한 들판이 전개된다. 여기까지 오는 중에, 오른편으로는 멀리 아름다운 코리브 호가 눈길을 끈다. 들판이 시작될 무렵 왼편으로 영화 'The quite man'을 촬영한 아치형의 다리가 있으며, 콰이트맨(Quite man) 다리'라고 부른다. 안내판이 작아서 놓치기 쉽 다. 그 다리를 지나면 멀리 봉우리가 12개라서 붙여진 '더투웰브핀스(The Twelve Pins)'라는 이름의 산봉우리와 그 주변의 산들이 모습을 드러낸다. 그 산지가 시작되는 마을인 맘크로스(Maam Cross)에는 작은 호텔과 전망대 가 있어서 잠시 쉬어 갈 수 있다. 또한 'The quite man'을 촬영한 초가집 이 그대로 보존되어 있다. 전망대에서는 코네마라 지방의 다양한 경관을 감상할 수 있다. 이곳부터 클리프덴(Clifden)까지는 빙하의 산지와 호수가 연속적으로 이어지면서 아름다움과 신비로움을 더해 준다.

클리프덴은 아일랜드에서 황무지의 상징과 다름없는 코네마라의 중심지 이다. 19세기에 건설된 타운답게 도로가 비교적 넓고 시원하다. 멀리 두 개 성당의 첨탑이 우뚝 솟아 있는 것이 보인다. 스테이션하우스(Station House)

쾌이트맨 다리 : 영화 'The quite man'을 촬영한 아치형의 다리이다. 안내판이 작아서 놓치기 쉽다.
2004

호텔에 있는 작은 박물관에는 타운의 역사와 코네마라 철길의 역사, 코네마라 조랑말의 역사 코너가 마련되어 있다. 그러나 무엇보다도 이 타운의 볼거리는 서쪽으로 뻗은 작은 반도의 중턱을 달리는 스카이로드(Sky road)이다. 수령초가 피어 있는 좁은 길을 따라서 5분여를 달리면 시원한 바다와 초원이 어우러진 경관이 전개된다. 전망대에 올라서면 그 어디에서도 맛볼 수 없는 시원함을 느낄 수 있다.

　관광 도로를 내려와 N59를 타고 북쪽으로 15km 정도 더 달리면, 킬레모어(Kylemore) 수도원이 있다. 고풍스러운 수도원 건물과 시원한 빙하호의 경치가 수려해, 아일랜드를 찾는 외국 관광객 대부분이 들르는 곳이다. 현재는 아일랜드 베네딕트 수도회에서 국제 여자 기숙학교로 운영되고 있다. 수도원 입구에 커피숍과 기념품 가게가 있어서 가볍게 점심이나 차를 마시기에 적합하다. 수도원에서 10km 정도를 더 가면 왼편으로 짙푸른 킬라리

킬레모어 수도원 : 고풍스런 수도원 건물과 빙하호의 경치가 어울리며, 입구에는 커피숍과 기념품 가게
도 있다. *2004*

(Killary) 피오르가 전개된다. 노르웨이의 송네(Sogne) 피오르처럼 웅장하지
는 않지만, 초록의 높은 산과 어우러지는 피오르의 잔잔한 물결이 발걸음
을 멈추게 한다. 유람선이 다니기도 하며, 내륙 쪽은 홍합 양식장으로 이용
되고 있어 가까운 펍이나 레스토랑에서 그 맛을 즐길 수 있다. 피오르가 끝
나는 린넌(Leenaun)은 작고 아름다운 마을로 경치를 즐기기 위해 찾는 사람
들이 많은 곳이다. 마을에는 작은 호텔과 여러 개의 B&B도 있어서 여유 있
게 쉬어 갈 수도 있다. 마을의 끝 동네에 조그만 양털 박물관도 있다.

　이 마을의 북쪽에 있는 삼거리에서 R335 지방도로 들어서면 빙하호, 권
곡, U자곡 등 아름다운 빙하 지형을 볼 수 있다. 그 북쪽에 자리하는 크로
크패트릭 산(762m)은 성 패트릭이 441년경에 40일 동안의 사순절을 보낸
이후 순례지가 되었다. 7월 마지막 일요일부터 8월 1일 사이가 순례의 절
정을 이루며, 산 아래 바닷가에 있는 폐허의 무리스크(Murrisk) 수도원에서

클리프덴의 스카이로드에서 본 전경 : 전망대에서 바라보는 바다의 경치가 시원하여 많은 사람들이 찾는다. 2003

크로크패트릭 산 : 성 패트릭이 사순절을 보낸 이후 성지가 되었으며, 많은 순례자들이 찾는 곳이다.
2003

해가 뜨기 전에 출발한다. 거리는 짧지만 경사가 비교적 급한 산이라 정상까지 2시간 이상이 소요된다. 정상에 오르는 길에 북쪽으로 보이는 크로만의 드럼린이 장관이다. 수도원 앞에는 감자 대기근 때 고향을 떠난 사람들을 기념하는 국립 기근 기념 공원이 조성되어 있어 당시의 처참한 상황을 떠올리게 한다. 산을 내려와 8km를 더 가면 웨스트포트라는 타운이다. 이 타운은 마요 주 관광의 중심지로, 2001년 아일랜드에서 매년 선정하는 깨끗한 타운에 선정되었다. 이 타운에서 N59를 타고 남쪽으로 달리면 린넌을 만난다. 이 작은 반도를 돌아오는 거리는 약 80km이다.

웨스트포트의 거리 : 마요 주 관광의 중심지로 깨끗한 거리가 인상적이다. *2004*

린넌에서 R336을 타고 가파른 고개를 넘으면 역시 구불구불한 길이 계속되는데, 이곳이 높은 산과 호수의 고장인 조이스컨트리(Joyce's country)이다. 조이스컨트리는 자전거 하이킹에 적합한 곳이다. 피니(Finny)라는 마을 표지판을 따라 들어서면 주변에 펼쳐지는 황량한 빙하 산지가 외계에 들어온 듯한 착각에 빠지게 한다. 고개를 넘어서면 호숫가의 소나무 숲과 옹기종기 모여 있는 마을이 눈에 들어온다. 호수만 아니면 우리나라의 여느 산촌과 다름이 없는 낯익은 모습의 마을이다. 여기서부터 콩(Cong)까지는 대부분의 구간에서 호수를 볼 수 있으며 곳곳에 전망할 수 있는 공간이 있다. 지나는 길에 클론버(Clonbur)란 예쁘고 작은 마을이 있다. 이 마을은 코리브 호와 그 북쪽의 마스크(Mask) 호의 목에 해당하며, 동쪽의 평원과 서쪽의 산지의 경계이기도 하다. 이 마을 부근에서 지하수로 마스크 호의 물이 코리브 호로 넘어가고 있다고 한다.

조이스컨트리 : 산과 호수의 고장으로 자전거 하이킹에 적합한 곳이다. *2004*

이 마을에서 6km 떨어져 있는 콩(Cong)도 아름다운 곳이다. 콩은 게일
어로 '목'에 해당하는 말로 이 마을이 두 개 호수 사이에 위치함을 의미한
다. 이 마을은 서쪽의 조이스컨트리의 산지를 찾는 사람들이 머무는 차분
한 분위기의 관광지이다. 마을 안팎의 유적지 가운데 현재 호텔로 이용되
고 있는 애시포드(Ashford) 성이 둘러볼 만하다. 13세기에 세워진 이 성에는
한때 기네스 가문이 살기도 하였다. 성은 코리브 호를 끼고 있으며, 주변에
는 아름드리나무들이 우거진 숲과 넓은 잔디밭이 어우러져 환상적인 분위
기를 자아낸다. 여름철에는 오후 5시까지 호텔 정원의 입장료를 받는다.

콩의 애시포드 성 : 코리브 호를 끼고 있고, 주변을 둘러싸고 있는 아름드리나무 숲과 넓은 잔디밭이 환상적인 분위기를 자아낸다. *2004*

물론 숙박자가 아니면 호텔 안에 출입이 불가능하다. 이 호텔은 등급이 없는데 그 이유는 등급 평가를 거부하기 때문이다. 이 코스의 여정을 마무리하는 길에 들러서 호텔 밖에서라도 구경할 만한 정원이다.

콩에서 골웨이까지 가는 40km가 조금 넘는 길은 나지막한 돌담길이 대부분이다. 이 지역에서 찾아가 볼 만한 곳으로는 아란(Aran) 제도를 꼽을 수 있다. 골웨이 만에 있는 아란 제도는 아이리시 전통이 강한 곳으로 유명하다. 세 개의 섬으로 이루어져 있으며, 그중 가장 큰 섬인 이니시모어(Inishmore)는 섬 전체가 거친 석회암으로 구성되어 있다. 섬 곳곳에는 마치 제주도 해안가의 어느 마을인 듯 돌담이 있다. 척박한 자연환경에서 전통적인 삶을 살고 있는 아이리시의 모습을 볼 수 있는데, 1934년 미국의 영화 감독인 플래허티가 제작한 'Man of Aran'은 이곳을 배경으로 한 다큐멘터

아란 제도 이니시모어 섬의 해안 절벽과 요새 : 전체가 석회암으로 된 척박한 섬으로, 해안 절벽이 발달했다. 사진 뒤로 돌 요새가 보인다. *2004*

리이다. 섬 남쪽의 가파른 해안 절벽 위에는 돌 요새(Dun Aengus)가 있다. 그 외에도 폐허의 성당 흔적, 하이 크로스 등이 남아 있다.

아란 제도 외에 마요 주의 아클(Achill) 섬도 찾아가 볼 만하다. 이 섬은 다리로 본토와 연결되어 있다. 섬 입구의 마을인 아클사운드(Achill Sound)를

아클 섬의 폐허 마을 : 감자 대기근으로 폐허가 된 마을을 가리키고 있는 표지판 뒤로 폐허의 흔적과 양 떼가 보인다. *2003*

지나자마자 보이는 대서양 드라이브(Atlantic drive) 코스를 이용하면, 환상적인 섬의 장관을 거의 다 볼 수 있다. 섬의 남쪽 해안을 따라 긴 해변과 해안 절벽이 발달하여, 여름철에는 관광객의 발길이 끊이지 않는다. 해안에서 벗어나 킬(Keel)이란 마을의 북쪽에 자리한 슬리브모어(Slievemore) 산(671m)으로 향하다 보면, 공동묘지 부근에서 '폐허의 마을(Deserted Village)'이란 표지판이 나온다. 그 표지판을 따라가면 19세기 감자 대기근으로 마을 전체가 폐허가 되어 버린 현장에 이른다. 지금은 어느 슈퍼마켓을 가더라도 넘쳐나는 감자 한 개가 생명을 결정지었던 시기가 떠오른다. 대기근으로 인한 아이리시의 이민은 이 섬에서부터 시작되었다. 아일랜드를 찾은 김에 이곳까지 왔다면 한번 들러 보길 권한다.

예이츠가 사랑한 북서부

도니골

슬라이고
레이트림

북서부 지역에는 도니골(Donegal), 슬라이고(Sligo), 레이트림(Leitrim) 주가 포함된다. 이 지역은 비교적 인구 밀도가 낮으며, 척박하고 산지가 많다. 슬라이고와 레이트림 주는 아일랜드를 4개의 지방으로 나눌 때, 척박한 곳에 해당하는 코노트에 포함된다. 도니골 주는 얼스터에 포함되지만, 북아일랜드에 들지 않을 만큼 척박한 곳이다. 이 지역의 볼거리는 빙하가 만들어 놓은 다양한 산지와 곳곳에 숨어 있는 유적지이다. 슬라이고 주는 노벨상을 수상한 시인이자 극작가인 예이츠의 고향이기도 하다.

이 지역에서는 슬라이고 중심의 길(Gill) 호 주변 코스와 도니골 주를 가로지르는 산지 코스를 소개한다. 슬라이고의 호수 주변을 돌아보는 여정은 약 160km이며, 산길이 많아 좁고 굴곡이 심하다. 슬라이고 주에 들어서면 곳곳에 예이츠와 관련된 안내 표시와 간판이 많다. 슬라이고는 예이츠가 유년기에 자주 들렀던 곳이다. 예이츠의 시 대부분에 슬라이고 지방의 아름다운 산지와 잔잔한 호수의 분위기가 배어 있을 만큼 그윽한 정취를 자아내는 곳이다. 예이츠는 숨을 거두기 4개월 전에 그의 할아버지가 목사로 있었던 드럼클리프(Drumcliff)의 한 교회 공동묘지에 묻히고 싶다고 노래하였다. 그는 소원대로 그곳에 잠들어 있다. 초라하게 보일 정도로 간소한 그의 묘지에서는 그가 슬라이고에 들를 때마다 보아왔던 아름다운 벤불벤(Ben Bulben) 산이 바라다보인다. 또한 슬라이고 동쪽의 길 호숫가는 누구라

예이츠의 묘와 벤불벤 산(드럼클리프) : 예이츠는 생전의 소원대로 그의 고향인 드럼클리프의 교회 공동 묘지에 잠들어 있으며, 뒤로 그가 그리워하던 산이 보인다. *2005*

도 그곳을 걷다 보면 시상이 떠오를 만큼 경치가 아름답다. 예이츠의 시 가운데 대표작인 '호수의 섬 이니스프리(*The Lake of Innisfree*)'와 '*The Fiddler of Dooney*'가 바로 이 호수를 배경으로 한 것이다.

슬라이고는 짙은 콜라색의 Garavogue 강물이 중심을 가르고 있는 비교적 큰 타운이다. 북서부 지역의 중심지이며, 예이츠 컨트리(Yeats Country)의 중심지이기도 하다. 대부분의 사람들이 예이츠를 만나기 위해서 슬라이고를 찾는다. 기차역에서 동쪽으로 500m쯤 떨어진 곳에 있는 하이드브리지(Hyde Bridge) 부근에 예이츠 빌딩이 있고, 거기서 강 건너편에 예이츠의 동상과 주립 박물관이 있다. 예이츠 빌딩에서는 매년 8월 예이츠 학회에서 주최하는 '예이츠 국제 여름 학교'가 열리며, 그 외의 시기에는 미술관으로 사용된다. 예이츠 박물관을 겸하고 있는 주립 박물관에는 예이츠가 받은 노벨상 등 그와 관련된 자료들, 그리고 슬라이고의 역사와 자연에 관한 자료들이 전시되어 있다. 그 외에 강 남쪽에 자리한 수도원과 성당, 교회,

슬라이고의 Garavogue 강변 : 굴뚝이 많은 건물이 예이츠 빌딩이다. 파스텔 조의 건물 색은 아일랜드 어
디서나 비슷하다. *2004*

예이츠 동상. *2005*

길 호의 이니스프리 섬 : 예이츠가 즐겨 찾았던 아름다운 섬이다. *2005*

최근에 지어진 베네치아풍 고딕 양식의 법원 건물 등도 아름답다.

타운 중심에서 그리 멀지 않은 곳에 있는 길 호는 아름답기도 하지만, 예이츠를 감상하기 위해서 꼭 들러 볼 만한 장소이다. 호수의 동쪽 끝에 있는 파크스(Parkes) 성에서 출발하는 수상 버스를 타면 호수를 가로질러 슬라이고 타운까지 갈 수 있으며, 도중에 이니스프리 섬도 감상할 수 있다. 이니스프리는 호수의 남동쪽에 있는데 호수 밖의 전망대에서도 볼 수 있다. 예이츠 하면 누구라도 떠올릴 만큼 유명한 장소이지만, 안내판이 그런 사실을 알려줄 뿐 주변은 그저 소박하다. 전망대 주변도 전형적인 슬라이고 지방의 농촌 풍경이다.

슬라이고에서 N16 국도를 타고 동쪽으로 들어서면 곧 글렌카(Glencar) 골짜기로 이어진다. 길 양쪽으로 아름다운 벤불벤 산과 Kellogyboy 산의 절벽이 계속되어 30여km를 달리면서도 지루하지가 않다. 절벽은 우리나라의 단양 부근과 비슷한 느낌이다.

에니스킬렌 : 물의 도시답게 주변에 크고 작은 호수가 많고, 어퍼언 호와 로어언 호가 만나는 목에 도시
가 자리한다. *2005*

매노해밀톤(Manorhamilton)은 네 개의 협곡이 만나는 작은 평원에 자리한
타운이다. 여러 개의 도로가 교차하는 곳이라 가까운 호수나 바다 등으로
접근하기가 쉬워, 봄이 되면 연어 낚시를 즐기는 사람들이 모여든다. 또한
주변에 야생 장미를 즐길 수 있는 드라이브 코스가 있어서, 그것을 즐기는
사람들도 많다. 이곳에서 20km 정도를 달리면 국경 마을인 아일랜드의 블
랙라이언(Blacklion)과 북아일랜드의 벨쿠(Belcoo)를 차례로 만난다.

아름다운 맥닌(Macnean) 호수의 목을 지나면서 나라가 달라지지만, 영국
땅에 들어섰다곤 해도 겉으로 달라지는 것은 거의 없다. 다만 경찰서 건물
에 설치된 철조망과 높은 감시용 카메라가 정치적으로는 아일랜드가 아님을
확인시켜 준다. 아일랜드에서는 경찰서 철조망을 어디에서도 볼 수 없다.

그 곳에서 18km를 더 달리면 물의 도시인 에니스킬렌(Enniskillen)이다.
에니스킬렌은 로어언(Lower Erne)과 어퍼언(Upper Erne) 호 사이의 목에 자리
하며, 타운의 중심은 하중도인 Ceithleann 섬에 발달하였다. 섬을 가로지

물락모어의 항구(슬라이고 주) : 북쪽으로 뻗은 곶이 큰 파랑을 막아 주어 항해와 해수욕을 즐기기에 좋은 곳이다. *2004*

르는 주도로는 다른 도시와 달리 구불구불하며, 안 스트리트(Ann street), 처치 스트리트(Church street) 등 6가지의 이름이 붙어 있다. 에니스킬렌 성과 세인트맥카탠(St. MacCartan) 성당, 시계탑 등 주요 볼거리가 이 주도로를 따라서 있다. 성의 뒤쪽이 강에 면해 있는 워터게이트(Watergate)도 볼 만하다.

　A46 국도를 타고 발리샤논(Ballyshannon)으로 향하는 길은 로어언 호를 따라 이어지며, 경치가 아름다워 곳곳에 휴식 공간이 조성되어 있다. 국경을 약 20km 남겨 놓고 왼편으로 얼스터 웨이(Ulster way)의 하나인 Navar scenic route를 따라서는 하이킹을 즐길 수 있다. 국도 왼편에 연속적으로 이어지는 언덕으로 500m 정도를 오르면 전망이 빼어난 매고(Magho) 절벽에 올라설 수 있다.

국경을 지나 10여km를 달리면 도니골 주의 관문인 발리샤논에 이른다. 발리샤논은 역사가 깊은 곳으로 다양한 축제가 벌어진다. 매년 8월 법정 공휴일과 이어지는 주말에는 민속 축제가 열리며, 이때 많은 관광객들이 찾아온다. 발리샤논에서 6km를 더 달리면 레저 타운인 번도란(Bundoran)이다. 어린이들과 즐기기에 좋게 놀이 시설과 백사장이 가까운 곳에 있고, 수상 스포츠와 낚시 등을 즐기기에도 좋은 곳이다. 슬라이고로 향하는 길에 클리포니(Cliffony)에서 R279로 들어서면 물락모어(Mullaghmore)라는 작은 어촌에 이른다. 경치가 좋을 뿐 아니라 백사장이 넓고 모래 언덕이 발달되어 있어, 여름철에는 해수욕과 항해 등의 물놀이를 즐기기 위해 많은 사람

드럼클리프의 하이 크로스(슬라이고 주) : 예이츠의 시에 등장하는 하이 크로스로 그가 묻혀 있는 교회의 공동묘지에 서 있다. 뒤로 보이는 것이 라운드 타워의 잔재이다. *2004*

들이 찾는다. 이곳은 작은 반도여서 해안을 따라 짧은 시간에 아름다운 경치를 감상할 수 있다. 8월에는 이곳에서 물락모어(Mullaghmore) 랍스터 축제가 열린다. 멀리 남쪽으로 보이는 벤불벤 산은 땅이 솟아오른 흔적을 멀리서도 명확하게 보여 준다. 등반객이 많이 찾는 산이며, 정상에서 바라보는 대서양이 아름답다.

드럼클리프는 예이츠의 고향일 뿐만 아니라 유적지가 있는 마을이다. 예이츠 묘지 바로 이웃에 슬라이고 주에서 유일하며 예이츠의 시에도 등장하는 하이 크로스와 10세기에 세워진 둥근 탑의 잔재가 남아 있다. 그 서쪽 반도의 끝인 로시스(Rosses) 곶은 윌리암 버틀러 예이츠와 그의 조카인 잭 예이츠가 젊은 시절의 여름을 주로 보내던 곳이다. 오늘날 그곳에는 백사장과 골프장, 요트 클럽 등이 갖추어진 휴양지가 들어서 있다. 여름에는 이 코스를 다 돌고도 물에 들어갈 시간이 된다. 슬라이고 타운까지의 거리는 약 8km이다.

도니골 주는 산지가 많은 지방의 하나로, 빙하가 만들어 놓은 웅장한 지형과 히스가 덮인 황무지와 같은 들판을 볼 수 있는 곳이다. 이 코스의 거리는 약 120km로 짧은 편이나 길이 좁고 굴곡이 심하다. 도니골은 마치 숟가락을 엎어 놓은 듯한 드럼린의 사이에 발달한 대표적인 타운이며 주의 중심지이지만, 특별한 볼거리보다는 조용한 분위기가 하루쯤 쉬어 가기에 적합한 곳이다. 타운의 중심에서 가까운 곳에 도니골 성과 수도원이 있다. 타운에서 걸어갈 수 있을 정도의 거리에 자리한 도니골 공예촌은 도자기, 금속 세공, 피혁 등 8개의 작업장이 개별적으로 운영되고 있는 흥미로운 마을이다.

타운을 벗어나 N56 국도를 타면 도니골 산지를 넘는 여정이 시작된다. R262와 만날 때까지 약 10km를 달리는 도로변에서 드럼린을 볼 수 있다. R262에 들어서면 황무지와 빙하에 의해서 깎인 산의 모양이 신비롭게 다

도니골 타운의 거리 : 도니골은 도니골 주의 중심지이만 거리가 매우 조용하다. *2004*

가온다. 게일 어로 '협곡들' 이란 의미의 글렌티스(Glenties)는 바다에서 불과 10km 떨어진 곳인데도 깊은 산속 마을 분위기가 감돈다. 두 개의 협곡이 시작되는 곳이기 때문인 것 같다. 이 마을에서 시작되는 R250과 R253 지방도는 도니골 서쪽과 동쪽 지방을 이어 주는 협곡의 길이다. 이 마을의 중심은 동서 방향으로 길게 뻗은 주도로를 따라서 발달하였다. 산속 분위기와 더불어 가까이 있는 바다를 즐길 수 있는 마을이다.

계속하여 N56을 따라 달리다 단층선을 따라서 발달한 귀바라(Gweebarra) 강을 건너서 북동 방향으로 난 좁은 길을 달리면, 골짜기에 자리한 두샤리(Doocharry)라는 작은 마을에 닿는다. 이 마을을 벗어나 R254를 타고 30분 정도를 더 달리면 거의 완벽한 U자 모양의 골짜기와 마주한다. 우리나라의 골짜기와 달리 앞이 훤하게 트인 것이 특징이다. 골짜기의 벽에 발달한 폭포도 볼 만하다. 북동쪽으로는 단층호인 비그(Beagh) 호의 경치가 뛰어나며, 이는 스코틀랜드의 네스 호와 이어지는 단층선의 연장이다. 한번은 길

빙하에 의해 형성된 U자곡 : 우리나라의 골짜기와 달리 앞이 훤하게 트여 있다. *2004*

을 건너는 양 떼와 마주쳤는데, 그 하얀 무리들에 햇빛이 반사되던 모습이 지금도 잊히지 않는다. R254와 R250이 만나는 삼거리에서 스월리(Swilly) 강을 따라 상류 방향으로 달리면 웅장한 U자곡과 다시 마주하게 된다.

레터케니(Letterkenny)는 스월리 만의 남쪽 끝에 자리한 작은 타운이다. 아일랜드의 다른 도시와 달리 하천을 끼고 있으나 중심지는 언덕에 자리한다. 시내 중심 도로의 길이가 1km가 넘으며 아일랜드에서 가장 길다. 중심지의 서쪽에 자리한 세인트으난(St. Eunan) 성당은 아일랜드에서 가장 높은 성당으로 첨탑의 높이가 약 65m이다. 또한 대리석으로 된 벽의 켈트 조각과 아름다운 스테인드글라스 등이 볼거리이다. 주립 박물관에서는 도니골

세인트으난 성당(레터케니, 도니골 주) : 아일랜드에서 가장 높은 성당이다. *2004*

주의 역사와 민속을 한눈에 볼 수 있다. 타운 북쪽의 스월리 만에서는 매년 500톤 이상의 연어가 잡히며, 연어나 송어 낚시를 하기에도 좋은 곳이다. 매년 8월에는 민속 축제가 열려 유럽 각지에서 참가한 민속 공연을 즐길 수 있다.

이 타운에서 N56을 타고 해안을 따라 서쪽의 던글로우(Dunglow)까지 달리면 곳곳에 마련된 전망대에서 다양하고 아름다운 해안의 절경을 감상할 수 있다. 이곳은 바람이 강한 곳이어서 해안에 모래 언덕이 대규모로 발달하였는데, 그 위에는 골프장이 들어선 곳이 많다. 서쪽 해안 마을에는 겔탁트 구역이 있어서 게일 어로만 쓰인 도로 표지판이 불쑥 나오기도 한다.

데리 성벽과 길드홀의 시계탑 : 앞에 보이는 것이 데리의 중심을 둘러싸고 있는 벽이며, 그 뒤로 영국 특유의 길드홀의 시계탑이 보인다. *2004*

레터케니에서 N13 국도를 타고 35km를 달리면 데리(Derry)이다. 이 도시의 이름은 게일 어로 '참나무 숲' 을 뜻하는 'Doire' 에서 온 것이다. 아이리시는 '데리' 라고 부르며, 개신교와 영국에서는 '런던데리' 라고 한다. 데리는 포일(Foyle) 강을 따라 발달한 도시로 강변의 언덕은 아름답기로 유명하다. 포일 다리를 건너기 전의 원형 교차로에서 강변을 따라 남쪽 방향으로 달리면 중심지에 이른다. 도시의 성벽(town wall)으로 들어서기 전에 눈에 들어오는 것이 붉은 사암으로 만들어진 신고딕 양식의 길드홀(Guild hall) 건물이다. 이 건물은 데리 문화의 중심지로 역사적 유물이 전시되어 있으며, 시장 집무실과 의회 회의실 등이 있다.

길드홀 앞의 광장을 지나면 바로 다이아몬드 모양의 성벽에 올라설 수 있다. 이 벽은 17세기에 건축된 것으로 아일랜드에서 유일하게 원형대로

데리의 중심지 : 데리의 중심지에는 광장에서 X자형으로 도로가 뻗어 있고, 다이아몬드형의 벽으로 둘러싸여 있다. *2004*

보존되어 있다. 성벽 안은 가운데 광장이 있고 그곳에서 X자형으로 도로가 뻗어 있는 대표적인 영국 방식의 도시이다. 광장 주변에는 주요 상가가 밀집되어 있다. 성벽을 한 바퀴 돌면 데리의 다양한 모습을 쉽게 볼 수 있다.

남서쪽 모퉁이를 돌 무렵에는 가톨릭과 개신교가 대립하는 현장에 직면하며, 다소 긴장감이 돌기도 한다. 그러나 여행을 방해하는 것은 아무것도 없다. 그 모퉁이의 작은 광장에서 내려다보이는 골짜기와 언덕의 동네가 가톨릭교도의 집중 거주 지역이고, 성벽 안과 그 주변이 개신교 구역이다. 주요 공공시설과 개신교 교회와 거주지에는 철망이 높이 설치되어 있다. 높은 곳에 설치되어 있는 감시용 카메라는 모두 가톨릭 구역을 향하고 있다.

자이언츠코즈웨이
부시밀즈
포트러시
던러스 성   A2
밸리캐슬
B15
쿠센델
글렌나리프
글렌나리프
삼림공원
A26
A54
A43
A42
A2
A29
A6
A42
발리메나
란
A26
A36
A6
앤트림
A8
캐릭퍼거스
A31
M22
A2
M2
A505
네이 호
벨파스트
A4
A1
A1
R24
A50
다운패트릭

아일랜드 속의 영국, 북아일랜드

북아일랜드는 6개주로 구성되어 있으며, 북아일랜드 정부에서는 이를 다시 26개의 지구로 구분하고 있다. 면적은 아일랜드 공화국의 20.1%인 약 1.41만km²이지만, 인구는 아일랜드 공화국의 42.2%인 169만 명 정도로 인구 밀도가 119.2명/km²이다. 인구가 가장 밀집된 곳은 벨파스트(Belfast)로 30만 명에 가깝다. 그 외에 데리(Derry)와 리즈번(Lisburn)도 인구가 10만 명이 넘는 지구이다.

북아일랜드에는 아일랜드 공화국에 비하여 산지가 많으나 역시 높은 산은 거의 없으며, 가장 높은 산은 슬리브도나드(Slieve Donard, 850m)이다. 평지보다는 드럼린 등 아기자기한 구릉지가 많고 대부분 비옥한 농경지로 이용되고 있어, 섀넌 강 서쪽의 황무지와는 크게 대비된다. 비옥한 농토를 보면 17세기의 플랜테이션이 북아일랜드로 집중된 이유를 짐작할 수 있다. 중심에 자리하고 있는 네이 호는 아일랜드에서 가장 넓은 호수이다. 북부에는 화산 지형이 발달하였으며, 그 일부인 자이언츠코즈웨이는 세계적인 관광지이다. 그 외에 영국의 지배 이후에 세워진 수많은 유적지도 큰 볼거리이다.

북아일랜드 여정의 압권은 북부 해안과 벨파스트이다. 북부 해안을 돌아보는 코스는 데리에서 북동쪽으로 약 50km 떨어진 포트러시(Portrush)에서 출발하여 캐릭퍼거스(Carrickfergus) 타운에서 끝나며, 거리는 약 100km이

포트러시 주변의 해안 - 백악층에 발달한 해식애 위로 용암이 덮인 것이 보인다. 그 뒤로 모래 사구와
골프장, 포트러시 타운이 보인다. 2005

다. 포트러시는 스코틀랜드의 세인트앤드루스를 연상하게 하는 작은 타운이다. 항구 주변에 밀집되어 있는 고풍스러운 건물과 타운 동쪽 해안의 모래 언덕에 조성된 챔피언십 규모의 골프장이 그렇다. 로열 포트러시 골프 링크는 영국에서 인기 있는 코스의 하나이다.

이 여정은 A2 국도를 타고 아이리시 위스키로 유명한 부시밀즈(Bushmills) 방향으로 출발하면서 시작된다. 타운을 벗어나자마자 왼편의 바닷가에 펼쳐지는 광활한 해안의 모래 언덕과 그 위에 조성된 대규모의 골프장에 놀라움을 감추지 못한다. 타운에서 약 5km를 가면 도로변의 해안 절벽을 따라 전망대가 있는데, 두 번째 전망대에서 뒤돌아보는 지나온 길 쪽의 해안 절벽과 모래 언덕이 장관이다. 백악층으로 이루어진 해안 절벽에는 켜켜이 화석이 박혀 있고, 그 위로 용암이 덮여 있어서 자연 학습장으로서의 가치도 그만이다.

대부분의 관광객은 이곳에서 다시 출발한다. 그러나 차를 세우고 오던 방향으로 50m 정도를 되돌아가서 해안 절벽 위로 올라서 보면, 눈앞에 펼쳐진 장관에 입이 벌어질 것이다. 그곳에 '코끼리 바위'라고 이름 붙일 만큼 거대한 아치가 해안 절벽에서 바다로 향하고 있다. 가까운 곳에는 던러스(Dunluce) 성이 있는데, 14세기 초에 세워진 이 성은 거의 바다로 둘러싸여 있는 것이 특징이다.

성에서부터 화산 지역의 타운인 부시밀즈까지는 5km가 채 안 된다. 부시밀즈는 세계에서 가장 오래된 위스키 공장으로 아일랜드 남부의 제임슨과 더불어 아이리시 위스키의 대표적인 상표이다. 주변의 비옥한 토지에서 생산되는 보리와 보그층을 통과한 독특한 향의 물 등이 이곳에서 위스키가 만들어지게 된 바탕이다.

타운에서 A2를 타고 3km쯤 동쪽 방향으로 달리다 B146 지방도로 들어서면 자이언츠코즈웨이로 가는 길이다. 멀리 보이는 웅장한 해안 절벽과

던러스 성 : 섬과 같이 둘레가 거의 바다로 둘러싸여 있다. *2005*

넓은 주차장이 길을 안내한다. 약 4만 개의 육각기둥(주상 절리)으로 형성된 자이언츠코즈웨이와 그 뒤로 이어지는 100여m가 넘는 해안 절벽은 무엇에도 비하기 어려울 만큼 장관이다. '백문이 불여일견'이란 말을 여기에 쓰는 것이 적절할 것 같다. 방문자 센터에서 자이언츠코즈웨이까지는 수시로 셔틀버스가 운행되고 있으며, 해안 절벽의 위와 그 중턱을 순환하는 하이킹 코스를 따라서 산책하면서 장관을 즐길 수도 있다. 수차례 이곳을 찾았는데, 돌아설 때마다 아쉬움이 남는 곳이다. 아쉬움을 뒤로하고 해안을 따라서(B146, A2, B15 등 이용) 10km 정도를 달릴 때까지 왼편으로 전개되는 하얀색의 해안 절벽과 그 위의 초원은 자이언츠의 여운을 그대로 간직하게 한다.

　Carrick-a-Rede 섬과 이어지는 로프 다리(Rope Bridge)도 많은 이가 찾는

자이언츠코즈웨이 : 약 4만 개의 육각기둥으로 이루어진 이곳은 세계적인 관광지이다. *2004*

로프 다리 : 흔들리는 로프 다리를 건너는 스릴도 즐길 만하다. *2005*

다. 다리의 길이는 20m, 높이가 30m 정도이다. 흔들리는 로프 다리 사이로 내려다보이는 바다를 보며 건너는 스릴도 즐길 만하다. 이 다리는 4월에서 9월까지만 건널 수 있다. 지나는 길의 밸리캐슬(Ballycastle) 타운은 앤트림 주 북부에서 가장 큰 타운으로 Dunineny 성과 교회의 둥근 탑 등 소소한 볼거리가 있는 곳이다. 타운을 벗어나서 달리는 30km 정도의 산길에서는 빙하의 영향을 받은 화산 지형의 웅장한 모습을 볼 수 있다. 산길이 거의 끝날 무렵 탁 트인 바다가 보인다.

A2를 타고 쿠센델(Cushendall)을 지나 글렌나리프(Glenariff)에서 갈라지는 A43 도로는 빙하가 파놓은 웅장한 U자곡을 따라 이어진다. 이 골짜기를

글렌나리프 골짜기 : 빙하가 파놓은 골짜기로 양쪽의 급사면과 그것을 덮고 있는 우거진 숲이 장관이며,
멀리 스코틀랜드가 어렴풋하게 보인다. *2004*

따라 15km 정도를 가면 글렌나리프 삼림 공원이다. 이곳에서 다시 골짜기
를 따라 내려오면서 바다 쪽을 보는 경치도 볼 만하다. 낙엽송에 붉은 물이
들기 시작하는 가을에는 잠시 우리나라의 가을 산을 보는 듯한 착각에 빠
지게도 한다. 앞에 보이는 바다는 노스 해협으로 멀리 스코틀랜드가 바로
앞으로 다가온 느낌을 준다. 앤트림 주에는 이곳 외에도 다양한 모습의 협
곡이 많다. 글렌나리프에서 해안가를 달려 캐릭퍼거스로 가는 길의 란
(Larne)은 스코틀랜드로 가는 페리가 출발하는 항구이다. 이 항구는 앤트림
주의 관문 역할을 한다. 이곳에서 캐릭퍼거스까지는 약 23km이다.

캐릭퍼거스는 뉴리(Newry)와 함께 영국 침략 이전부터 있었던 얼스터의 가장 오래된 타운이다. 조그만 항구이지만 넓은 주차장과 패스트푸드점 등이 가까이 있어서 잠시 휴식을 취하기에 적당하다. 바로 이웃에는 현무암으로 건축된 캐릭퍼거스 성, 12세기에 세워진 성 니콜라스 교회 등이 있다. 또 미국 뉴올리언스 전쟁의 영웅이자 대통령이었던 잭슨의 기념관(Andrew Jackson Center)이 있는데, 이곳이 잭슨 부모의 고향이기 때문이다. 이곳에서 벨파스트 중심지까지는 약 20분 이내의 거리이다.

벨파스트는 더블린에 이어 아일랜드 제2의 도시로, 타이타닉호가 이곳에서 건조되었다. 도시의 가운데를 Lagan 강이 남북으로 흐르고 있으며, 주변은 그리 높지 않는 산지로 둘러싸여 있다. 벨파스트는 잔잔한 평지와

케이브 힐에서 바라본 벨파스트 전경 : 도심을 관통하는 고속도로 뒤로 조선소와 항구가 보인다. *2004*

낮은 구릉지, 크고 작은 호수와 하천이 어우러져 있는 그저 평화롭게만 보이는 도시이다. 우리에게 벨파스트는 '테러의 현장'으로 알려져 있고 지금도 벨파스트의 일부 지역에는 가지 말라고 충고하는 한국인을 만날 수 있다. 그러나 벨파스트의 관광 안내소에서는 가볍게 웃으면서 '별걱정 안 해도 된다'는 정도이다.

신교도와 가톨릭교도 간의 대립이 가장 심하다고 알려진 샨킬 로드와 폴스 로드를 찾아보았다. 샨킬 로드는 중심지의 서쪽에 있는 구릉지에 자리 잡은 주택가에서 시내로 향하는 도로이며, 주로 신교도가 거주한다. 그 남쪽으로 폴스 로드가 달리며, 주로 가톨릭교도가 거주한다. 두 도로 사이의 최단 거리는 500m 정도이다. 다른 어느 도로와 크게 다를 것이 없으나 샨킬 로드에는 테러와 관련된 것으로 보이는 정치성이 짙은 다양한 벽화가 있다. 그러나 입구를 들어서면 '샨킬 로드 방문을 환영한다'는 표지판이 마음이 놓이게 해준다. 폴스 로드에는 아일랜드 국기가 걸려 있는 건물이 많고 간혹 게일 어가 보이는 정도이다. 다만 그 두 도로를 잇는 연결 도로 가운데 설치된 철문이 약간의 살벌함과 묘한 아쉬움을 남겼다.

일반 페리를 이용할 경우, 벨파스트에서 스코틀랜드의 스트래네어 (Stranaer)항까지는 3시간 30분 정도의 가까운 거리이다. 벨파스트는 이러한 지리적 여건 때문에 스코틀랜드에서 석탄과 철강을 수입하기가 유리하여, 아일랜드에서 유일하게 산업 혁명을 겪은 도시이다. 또한 일찍이 조선업과 리넨 산업이 발달했다. 이 도시에는 빅토리아와 에드워드 왕조풍의 건물이 많다. 도니골 광장에 자리한 시청사는 르네상스 양식으로 대표적인 에드워드풍 건물이다. 안내자의 도움을 받아 화려하고 웅장한 실내 장식을 견학할 수 있다. 시청사 정문 앞으로 뻗은 길이 도니골 광장(Donegal Place)이며 관광 안내소가 있는 주요 상가 지역이다. 그 외에도 35m 높이의 앨버트 (Albert) 기념 시계탑, 리넨 홀 라이브러리, 오페라 하우스, 세인트앤(St. Anne)

벨파스트 샨킬 로드 : 조금 살벌해 보이는 벽화가 많이 그려져 있기도 하지만, 방문을 환영한다는 표시가 마음이 놓이게 해준다. *2004*

벨파스트 폴스 로드 : 영국 땅이지만 유니언 잭은 보이지 않고 아일랜드의 삼색기가 곳곳에 걸려 있다. *2004*

벨파스트 시청 : 건물 중심의 173피트 높이의 웅장한 청동 돔과 네 모퉁이에 세워진 타워가 눈에 띈다.
2004

벨파스트 성 : 현재는 예식 홀 등으로 사용되고 있으며, 전망대에 올라가면 벨파스트 시내를 내려다볼 수 있다. *2004*

성 패트릭의 묘 : 성 패트릭은 다운패트릭의 작은 언덕에 자리한 개신교 교회의 공동묘지에 잠들어 있다. *2004*

대성당 등이 시청사에서 가까운 거리에 있다.

시내 중심에서 북쪽으로 10km도 채 벗어나지 않는 벨파스트 성도 시간 적인 여유를 갖고 들러 볼 만한 곳이다. 케이브 힐 중턱에 자리 잡고 있는 이 성의 전망대에 올라가면 벨파스트 시내를 내려다볼 수 있다. 성 주변은 공원으로 둘러싸여 있고 가까운 곳에 놀이 시설이 있다. 이곳에서부터 한 시간 정도를 걸으면 케이브 힐 정상에 오를 수 있다. 중심지의 남쪽으로 서로 가까이 자리한 퀸스 대학이나 팜하우스(Palm House) 식물원, 얼스터 박물관 등을 둘러보는 것도 좋다.

벨파스트에서 A7 국도를 타고 남동쪽으로 50km 정도를 가면 다운패트릭 (Downpatrick) 타운이다. 웨일스에서 태어난 성 패트릭이 아일랜드에 첫발을 내디딘 곳이자 잠들어 있는 곳이다. 성 패트릭은 가톨릭 신자인 아일랜드 공화국의 거의 모든 국민들이 성인으로 받들고 있지만, 정작 그가 잠든 공동묘지가 있는 곳은 개신교 교회인 다운 대성당(Down Cathedral)이다. 물론 개신교에서도 그를 성인으로 받들고 있다.

그가 초기에 기독교를 포교하기 위하여 사용한 클로버 모양의 샴록은 이 주변에 널리 자라고 있던 식물이다. 샴록의 세 잎은 성부, 성자, 성령의 삼위일체를 의미한다. 샴록은 아일랜드를 상징하는 것의 하나로 사용되기도 한다. 오늘날에도 성 패트릭 축일에는 아일랜드의 학교에서 학생들에게 샴록을 나누어 주기도 한다. 또한 그날 이 교회에는 많은 순례자들이 몰려든다. 교회 건물과 스테인드글라스, 교회 앞에 서 있는 10세기의 하이 크로스 등도 볼거리이다. 이 교회는 초기에는 지진에 의해서 교회가 파괴되었고, 그 후 바이킹의 침략과 영국인에 의해 파괴되는 등 오랜 수난의 역사를 간직하고 있다.

보인 계곡 코스

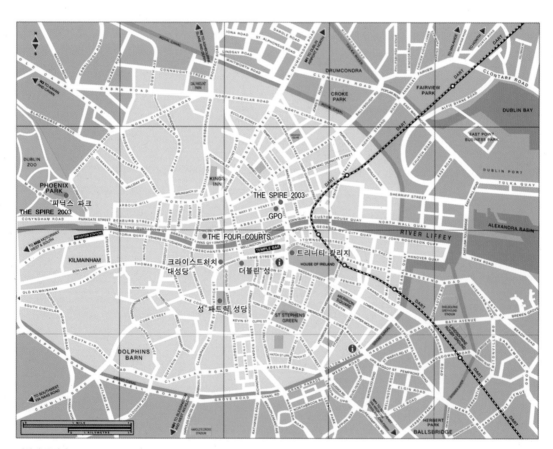

더블린 중심지

아일랜드의 중심, 더블린과 그 주변

　이 지역은 크게 중앙 저지와 드럼린 지대로 구별된다. 중앙 저지에는 더블린을 포함하여 7개의 주가 있으며, 드럼린 지대에는 라우스(Louth) 등 3개 주가 포함된다. 모두 비옥한 곳으로 비교적 인구 밀도가 높다. 더블린 주변에는 최근 IDA에 의해서 새로운 공장이 많이 세워졌다. 드럼린 지대는 소위 '접경 지역'으로 빙하 지형인 드럼린의 발달이 두드러진다. 이 지역은 서부 지역과는 달리 자연경관보다 유적지나 도시의 경관을 둘러보는 것이 좋다. 여기서는 아이리시의 한(恨)의 역사가 남아 있는 보인(Boyne) 계곡, 더블린과 그 주변 지역 등을 소개한다.

　보인 계곡을 돌아보는 일정은 드로이다(Drogheda)에서 출발하여 서쪽으로 나반(Navan), 트림(Trim) 등을 거쳐 물린가(Mullingar)에 이르는 코스로 총 거리가 120km 정도이다. 드로이다는 보인 강 하구에 자리한 보인 계곡의 관문으로, 더블린이나 벨파스트에서 접근하기 쉬운 곳이다. 타운은 보인 강을 중심으로 북쪽의 구타운과 남쪽의 신타운으로 구별된다. 아일랜드의 어느 도시보다도 역사적인 타운이며 곳곳에 유적지가 많이 남아 있다. 드로이다는 크롬웰에 의한 대학살 이후 아이리시에게 영국에 대한 적대적 감정을 키운 대표적인 장소이다. 보인 강 남쪽 언덕에 자리한 밀마운트(Millmount) 타워에 올라서면 드로이다는 물론 보인 계곡의 원경을 바라볼 수 있다. 밀마운트는 바이킹이 자주 회합을 하던 장소로 방어 진지 역할도

드로이다의 세인트로렌스 게이트 : 이 성문은 13세기에 세워진 것으로 거의 원래 상태로 보존되어 있다.
2004

하던 장소이다. 그 앞의 밀마운트 박물관에는 드로이다의 역사와 아일랜드의 생활상, 자연 등이 전시되어 있다. 이 타운의 세인트피터 교회(St. Peter's Church of Ireland)와 세인트피터 성당(St. Peter's Cathedral)은 그 역사적 의미와 함께 웅장한 아름다움을 드러내는 곳이다. 타운 안에는 과거 성벽을 구성하였던 성문의 하나인 세인트로렌스 게이트(St. Laurence's Gate)가 원래 상태 그대로 보존되어 있으며, 4층으로 구성된 2개의 드럼 탑이 인상적이다. 동쪽으로 보이는 철교는 19세기까지 더블린과 벨파스트를 잇는 유일한 다리였다. 북쪽 타운에서 가장 높은 곳에 자리한 막달라 마리아 탑(Magdalene Tower)은 14세기에 세워진 것으로 도미니칸 수도원의 종탑으로 사용되던 것이다.

드로이다에서 N1 국도를 타고 북쪽으로 8km 정도를 달리면, 성 뷰트(St. Buite)가 세운 아일랜드에서 가장 잘 알려지고 오래된 모내스터보이스

(Monasterboice)라는 종교적인 장소가 나온다. 이곳에는 파괴된 둥근 탑과 세 개의 하이 크로스가 남아 있다. 이들 하이 크로스는 10세기경의 것으로 추정되며 각각의 높이가 5m, 5.5m, 6m이다. 그중 5.5m의 Muiredach 크로스의 조각 장식이 뛰어나다. 여름철에는 탑 안에 들어가 볼 수도 있다.

드로이다에서 N51을 타고 서쪽으로 달리면 본격적인 보인 계곡의 여정이 시작된다. 고속도로를 가로질러 약 5km를 달리면 왼쪽으로 '보인 전투' 표지판이 보인다. 바로 이곳이 가톨릭을 지지하는 영국의 제임스 2세와 신교도인 윌리엄 3세가 왕위를 차지하기 위해 치열한 전투를 벌인 곳이다. 이 전투에서 제임스 2세가 패하면서 아이리시의 불행이 계속되었다. 전쟁터의 남서쪽에 있는 뉴그레인지(Newgrange) 고분군은 유럽에서도 가장 이름난 석기 시대의 유적이다. 관람을 위해서는 제한적으로 셔틀버스를 이용하여 이동하므로 충분한 시간적 여유가 필요하다.

슬랜(Slane)이란 마을에는 보인 계곡을 시원하게 전망할 수 있는 슬랜 언덕이 있다. 쾌청한 날 언덕의 정상에 올라서면 멀리 동쪽으로 드로이다와 북쪽으로 북아일랜드, 남쪽으로 위클로 산지, 서쪽으로 아일랜드 중부의 저지가 그대로 보인다. 이 언덕은 성 패트릭에 의해서 433년에 처음으로 기독교를 전파하기 시작한 곳으로 기독교에서는 상징적 장소이다. 언덕 위의 수도원과 교회는 바이킹과 크롬웰 군사에 의하여 폐허가 되었다. N51을 타고 마을을 막 벗어날 즈음이면 슬랜 성이다. 성에 들어서는 문은 고딕 양식의 아치로 되어 있으며, 보인 강을 건너는 다리의 모양과 비슷하다. 바이킹에 의해서 세워진 성이지만 수차례 변형되었다.

N51을 타고 나반에서 R161 지방도를 따라 5km 정도 가면 벡티브(Bective)라는 작은 마을의 표지판이 보인다. 그 마을에 들어서기 직전에 다시 보인 강을 건너는 돌로 만들어진 고대의 아치형 다리가 놓여 있다. 왼편으로는 12세기에 세워졌으나 지금은 폐허가 된 수도원이 다른 수도원과 달

벡티브의 고대 아치형 돌다리 : 정확한 연대는 알 수 없으나 고대에 돌을 사용하여 만든 아치형의 다리이다. 뒤로 폐허의 벡티브 수도원이 보인다. *2004*

리 평지의 개방된 곳에 자리하고 있다.

벡티브 다리에서 트림까지는 약 5km이다. 트림은 작은 타운에 불과하나 유적이 비교적 풍부하다. 타운 가까이에 들어서면 38m의 황색 탑(Yellow Steeple)이 멀리서도 한눈에 들어온다. 이는 14세기에 세워진 세인트메리 수도원의 종탑 흔적으로, 저녁노을이 물들 때에 비치는 탑의 색에서 그러한 이름이 붙여졌다. 그 앞에 자리한 트림 성은 앵글로 노르만이 세운 성 중 유럽에서 가장 큰 것이다. 중세에 이 성은 노르만의 힘의 상징이었으며, 한때 아일랜드에서 가장 크고 강한 노르만의 요새였다.

트림에서 R154를 타고 13km를 달려서 만나는 아스보이(Athboy)는 아일랜드 동부에서는 보기 드문 겔탁트 구역으로, 아이리시 음악과 문화 등을 느낄 수 있는 마을이다. 이 마을은 중세의 마을로 당시의 성벽이 거의 손상되지 않은 채로 남아 있다. 이 마을에서 북쪽으로 15km 떨어진 켈스(Kells)도 역사적인 장소로 타운 전체에 유적이 남아 있다. 그 대표적인 것이 라운

트림 성 : 이 성은 앵글로 노르만이 세운 성 중 유럽 최대의 것으로, 중세에는 노르만의 힘의 상징이기도 하였다. *2004*

드 타워와 하이 크로스, 그리고 10세기경에 세워져 기도원으로 사용되었던 St. Colum Cille's House 등이다.

아스보이에서 N51을 타고 서쪽 방향으로 달리다 델빈(Delvin)에서 N52로 갈아타면 이 일정의 마지막 타운인 물린가에 이른다. 물린가는 'capital of lakeland' 라고 불릴 만큼 주변에 크고 작은 호수가 많다. 이 타운은 웨스트 미스 주에서 가장 복잡한 곳이며, 로얄 수로가 타운을 거의 완벽하게 둘러 싸고 흐른다. 타운 중심의 서쪽에는 아름다운 조각과 약 43m의 쌍둥이 타워가 특징인 물린가 성당(Cathedral of Church the King)이 자리 잡고 있다. 타운의 남북으로 뻗은 주도로를 따라서는 오래된 펍과 레스토랑, 호텔 등이 자리하고 있다. 물린가에는 다양한 규모의 호텔과 B&B 등이 있어서 하루의 여정을 마무리하기에 적합하다.

물린가 북쪽에 캐슬폴라드(Castlepollard)라는 아름다운 마을이 있는데, 그 마을의 툴리날리(Tullynally) 성도 볼거리의 하나이다. 빅토리아 양식으로 지

물린가 성당 : 물린가 타운 중심의 서쪽에 있으며, 쌍둥이 타워가 인상적이다. *2004*

어진 성의 주변을 둘러싸고 있는 정원이 매우 아름답다. 그 밖에 물린가의
남쪽에 있는 Belvedere House에서 Ennell 호수의 경치를 감상하거나 호
숫가를 따라서 산책을 해보는 것도 좋다. 이곳에서 더블린까지는 1시간 정
도에 갈 수 있다.

　더블린은 인구 100만이 넘는 아일랜드 제1의 도시이자 아일랜드의 수도
이다. 유럽의 주요 도시와 연결되는 국제공항이 있고 영국의 홀리헤드와
리버풀 등으로 연결되는 패리가 왕래하는 곳으로, 말 그대로 아일랜드의
관문이다. 더블린은 바이킹이 세운 대표적인 도시로, 그 흔적이 남아 있는
여느 도시와 다르지 않게 중심지의 길이 좁아 일방통행이 많다. 더블린이
란 발음은 게일 어 '*Dubh Linn*'에서 온 것으로 '검은 연못(dark pool)'의 의
미를 갖는다. 오늘날에는 게일 어로 '개울 울타리의 타운(the town of hurdle

ford' 이란 의미의 'Baile Atha Cliath' 으로 불린다. 지도를 보면 그 의미를 곧 알아차릴 수 있는데, 도시의 중심이 북쪽의 로얄 수로와 남쪽의 그랜드 수로로 완전히 둘러싸여 있다. 그리고 남쪽의 위클로 산지에서 발원하여 흐르는 리피 강이 그 중심을 흐르고 있다.

더블린은 시내버스와 전철, 트램(tram) 등 어느 도시보다도 편리한 교통 망을 갖추고 있다. 또한 더블린 중심지에 들어서면 주요 볼거리를 짧은 시 간에 고르게 돌아볼 수 있는 버스 투어가 있다. 소위 더블린 관광을 위해서 는 이 책보다 그런 것을 이용하는 것이 훨씬 큰 도움이 될 수 있다. 따라서 이 책에서는 더블린 관광보다는 더블린이란 도시를 이해하는 데에 도움이 될 수 있는 특징적인 장소를 소개한다.

더블린의 중심지는 새로운 천년을 기념하면서 세웠다는 119m 높이의 'The Spire 2003' 이 우뚝 솟아 있는 오코넬 거리(O'Connell Street)이다. 이 도로가 더블린 중심지의 남북을 가르고 있는데, 서울의 한복판을 연상케 할 만큼 넓은 도로와 수많은 인파가 조용한 아일랜드와는 어울리지 않아 보인다. 도로를 따라서 기념품 가게, 패스트푸드점 등이 즐비하며, 시내의 버스 투어도 이 도로에서 시작된다. 독립 선언문이 전시되고 있는 중앙 우 체국(GPO ; General Post Office)도 이 거리에 있다. 이 거리는 1916년 부활절 봉기(Easter Rising)의 중심이었으며, 그 결과 대부분의 건물은 부서지고 현재 의 건물들은 그 후에 새로 지어진 것이다. GPO는 당시 본부 역할을 하였 던 건물이다. 아직도 GPO 건물의 기둥과 벽 등에는 부활절 봉기 때의 총 탄 흔적이 남아 있어 당시의 상황을 짐작하게 해준다. 또한 이 거리의 북쪽 끝에는 1911년에 세워진 파넬(Parnell) 기념탑이, 남쪽 끝에는 1882년에 세 워진 오코넬 기념탑이 서 있다. 그 두 개의 기념탑은 아일랜드의 대표적 독 립 운동가인 파넬과 오코넬을 기념하는 것이다. 오코넬은 19세기 초반, 파 넬은 19세기 후반에 아일랜드 독립 운동을 이끌었다. 이들의 이름을 딴 거

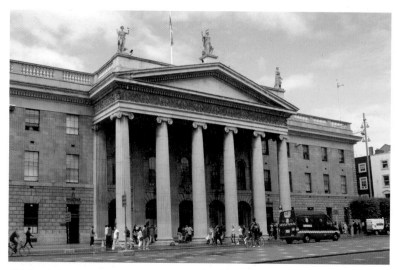

더블린 중앙 우체국 : 1916년 부활절 봉기 때 본부 역할을 하였던 건물이며, 아직도 건물의 기둥과 벽 등에는 그 때의 총탄 흔적이 남아 있다. *2004*

리와 동상은 다른 도시에서도 볼 수 있다.

이 도로의 남쪽으로 이어지면서 리피 강을 건너는 오코넬 다리는 길이보다 폭이 더 넓은 것으로 유명하다. 다리 위에서 기념품 따위를 팔고 있는 노점상도 가끔씩 볼 수 있으며, 항상 보행자가 북적거리는 곳이다. 이곳에서 리피 강을 따라 서쪽으로 향하면, 숀 휴스턴 다리(Sean Heuston Bridge)까지 10여 개의 아름답고 다양한 모습의 다리를 감상할 수 있다. 강을 따라 보행자 전용 통로와 벤치가 곳곳에 설치되어 있어서 강변을 거닐거나 잠시 쉬기에 좋다. 처음 만나는 리피 다리는 사람만 통행할 수 있으며, 일명 하페니(Ha'penny) 다리라고도 하는데 통행료를 1/2페니(half penny) 받던 데서 유래하는 이름이다. 이 구간의 다리는 대부분 18세기와 19세기에 세워진 것이며, 강의 폭이 좁아 웅장하지는 않으나 아기자기한 맛이 있다. 주변의 건축물을 구경하는 것도 의미 있을 것이다. 이 구간의 볼만한 건축물로는

오코넬 다리 : 웅장한 아치와 길이보다 폭이 넓은 것으로 유명하다. 뒤로 오코넬 동상이 보인다. *2004*

O'Donovan Rossa 다리와 매튜 신부(Fr. Mathew) 다리 사이에 있는 The Four Courts와 마지막에 자리한 휴스턴 역의 건물을 들 수 있다.

The Four Courts 건너편인 남쪽 방향으로 들어가면 바이킹이 처음 도시를 건설한 구역이 나온다. 이곳은 볼거리가 꽤 있는 곳으로, 더블린 성과 크라이스트처치 대성당(Christ Church Cathedral)이 대표적이다. 더블린 성은 1204년에 지어진 것으로 State Apartment와 버밍검(Bermingham) 타워 등으로 구성되어 있다. State Apartment는 18세기 건축물로 오늘날에는 외국 국빈 방문 등 국가적인 행사를 위해 사용한다. 버밍검 타워는 감옥으로 사용되기도 하였다. 더블린 성은 한때 더블린 방어를 위해 중요한 역할을 하였던 장소이며, 18세기부터 1922년까지는 영국의 아일랜드 지배를 위한 행정의 중심이 되었던 곳이다. 크라이스트처치 대성당은 1038년에 목재로 소박하게 지어졌던 것을 12세기에 당시 통치자였던 스트롱보우(Strongbow)

하페니 다리의 야경 : 하페니 다리는 보행자 전용이며, 처음 만들었을 때 통행료로 1/2페니(half penny)를 받은 데서 그 이름이 유래한다. *2004*

가 석재로 다시 지은 것이다. 현재의 건물은 19세기에 초기 고딕 양식과 후기 로마네스크 양식으로 재건한 것이다.

바이킹 구역의 남쪽에는 성 패트릭 성당이 자리한다. 12세기 말에 세워진 이 성당의 규모는 아일랜드 최대로 그 길이가 90m에 이른다. 『걸리버 여행기』를 쓴 조나단 스위프트(Jonathan Swift)가 1713~1745년 이 성당의 수석 사제로 있었으며, 그의 연인과 함께 이 성당에 잠들어 있다. 성당 안의 진기한 장소 중 하나로는 성당 가운데 홀에 자리 잡고 있는 중세 챕터 하우스(Chapter House)의 문을 꼽을 수 있다.

성당에서 스티븐(Stephen) 거리를 따라서 동쪽으로 이동하면 보행자 도로인 그랍통(Grafton) 거리에 이른다. 대표적인 쇼핑가로 백화점과 레스토랑, 카페 등이 즐비하며, 곳곳에서 거리의 악사를 만날 수도 있다. 그랍통 거리는 더블린에서도 가장 복잡한 곳으로, 마치 서울의 명동 거리를 걷는 듯한

더블린 성 : 1204년에 지어진 것으로 바이킹 양식의 웅장한 버밍검 타워가 인상적이다. 한때 더블린 방어를 위해 중요한 역할을 하였다. *2004*

그랍통 거리 : 대표적인 쇼핑가로 백화점과 레스토랑, 카페 등이 즐비하여 마치 서울의 명동과 비슷한 느낌을 준다. *2004*

느낌을 준다. 이 거리의 북쪽 끝에는 더블린의 랜드마크의 하나인 몰리 말론(Molly Malone) 기념 동상이 서 있다. 몰리 말론은 시내의 기념품 가게에서 쉽게 그의 노래가 들릴 정도로, 더블린 시민의 사랑을 받고 있다.

그랍통 거리의 남쪽 끝은 유럽에서 가장 넓은 광장인 세인트스티븐 공원(St. Stephen's Park)이다. 더블린 시민에게 가장 사랑받는 공원 겸 광장으로 넓은 잔디와 화단, 분수, 연못, 수많은 동상과 빅토리아 왕조풍의 야외 음악당이 있다. 공원의 북동쪽에는 시장 관저(Mansion House)와 우리의 정부 청사 격인 렌스터 하우스(Leinster House)가 있다. 두 건물 모두 18세기 초에 지어진 것이며, 렌스터 하우스 주변에는 국립 박물관과 국립 역사 박물관, 국립 갤러리, 오스카 와일드 기념관 등이 자리하고 있다.

그랍통 거리의 북쪽 끝은 1592년에 영국 여왕 엘리자베스 1세에 의하여 세워진 트리니티 칼리지(Trinity College)로 이어진다. 『걸리버 여행기』의 스위프트나 오스카 와일드(Oscar Wilde), 소설 『드라큘라』의 창시자인 브람 스토커(Bram Stoker) 등이 이 대학 졸업생이다. 그 밖에도 정치사상가 에드먼드 버크(Edmund Burke)와 극작가 올리버 골드스미스(Oliver Goldsmith)가 이 대학 출신이다. 이 대학의 명소인 올드 라이브러리(Old Library)는 진귀한 고서들을 보관하고 있는 세계적인 고서 도서관이다. 목조 아치형 천정이 있는 복도식 전시실인 롱 룸(Long Room)은 길이가 64m, 너비가 12m, 높이가 12m이다. 특히 9세기에 만들어진 두 권의 라틴어 복음서 북오브켈스(Book of Kells)가 이곳에 보관되어 트리니티 칼리지의 명성을 높이고 있다.

오코넬 거리의 북쪽에 자리한 작가 박물관은 조나단 스위프트, 제임스 조이스, 조지 버나드 쇼, 오스카 와일드, 윌리엄 버틀러 예이츠 등 세계적인 문학가를 기념하기 위해 세워졌다. 아일랜드는 예이츠(W. B. Yeats), 쇼(G. B. Shaw), 베케트(S. Beckett), 히니(S. Heaney) 등 4명의 노벨 문학상 수상자를 배출하였다. 중심지의 서쪽에 자리한 피닉스 파크(Phoenix Park)는 넓이가

렌스터 하우스 : 18세기 초의 건물로 오늘날 정부 청사로 이용되고 있다. *2004*

트리니티 대학의 종탑 : 트리니티 대학은
영국 여왕 엘리자베스 1세에 의하여 세워
졌다. *2005*

피닉스 파크 : 공원의 넓이가 전 세계 도시 공원 중 가장 넓다. *2005*

약 7km²로 전 세계의 도시 공원 중 가장 넓다. 공원 안에 여러 개의 경기장과 숲, 호수, 정원 등이 있으며, 공원을 가로지르는 자동차 도로의 길이가 5km 가까이 된다. 공원의 이름은 게일 어로 '깨끗한 물(clear water)'을 의미하는 'fionn uisce'에서 온 것으로, 주변에 맑은 샘이 있어서 붙여진 것이다. 도시의 한복판에 헤아릴 수 없을 정도로 많은 아름드리나무와 초록의 잔디밭이 있다는 것은 축복이다.

아일랜드에서의 긴 여정을 마무리하기 위한 장소로는 역시 펍이 어울린다. 오래된 도시답게 더블린에는 역사 깊은 펍이 많다. 그중에서 도심에서 자동차로 약 30분 거리에 있는 폭시스펍(Fox's Pub)은 아일랜드에서 가장 오래된 펍이다. 펍에서는 아이리시 전통 음악을 연중 라이브로 즐길 수 있으며, 아일랜드의 다양한 생활 용품 등이 벽, 천장 등에 걸려 있다. 더블린을 순환하는 M50 고속도로를 타고 남쪽 방향으로 가다 R116 표지판을 보고 나가서 남쪽 방향으로 10여km를 달리면, 폭시스펍이 있는 글렌쿨렌(Glencullen) 마을이 나온다. 펍에서 만나는 아이리시는 여행의 마지막을 더욱 아름답게 해 줄 것이다.

<부록 1>
여행자를 위한 팁

Tip 1 출입국 관리와 긴급 상황

3개월 이하의 단기 체류 : 무비자 입국 가능

아일랜드 정부는 한국인에게 3개월 이하의 체류에 대하여 무비자 입국을 허용하고 있다. 최근 아시아계 입국자가 늘면서 입국 심사가 까다로워지고 있으나, 대부분 별문제 없이 통과시키고 있다.

장기 체류 : 입국 후 비자 필요

장기 체류할 경우에는 이민 사무소에 가서 비자를 받아야 한다. 비자를 받기 위해서는 재정을 보증하는 서류(은행의 잔고 등)나 아일랜드에 재직하는 곳의 증명서가 필요하다. 재정 상태는 한국의 은행에서 발행한 것도 인정한다. 어학 연수자의 경우에는 어학원에 등록한 기간에 한하여 비자를 발급한다. 이민 사무소는 근무 시간이 일정하지 않을 수 있으므로 아침 일찍 가는 것이 좋다. 보통 오후 1시부터 2시 사이는 점심시간으로 근무하지 않는다. 비자를 받아야 할 마지막 날보다 미리 가야 만약의 경우에 대비할 수 있다.

긴급 상황 발생 시 : 999(우리나라의 119와 유사), 01-660-8800(한국 대사관)으로 연락

아일랜드는 치안이 잘 되어 있다. 만약 긴급한 상황이 발생하면 전화 999로 연락하는 것이 우선이다. 아일랜드의 경찰은 garda라고 하며, 친절하게 처한 상황을 처리해 준다. 또한 한국 대사관에 연락을 취하여 자신이 처한 상황을 설명해 두는 것도 좋을 것이다. 현재 주 아일랜드 한국 대사관에서는 매달 소식지를 만들어 교민들에게 나누어 주기도 한다.

구급차가 필요한 경우 : 999로 연락

여행 중에는 건강에 대하여 스스로 조심하여야 한다. 건강에 문제가 생기면 자신은 물론 일행의 전체 일정에까지 적지 않은 영향을 줄 수 있다. 아일랜드에는 위험한 곳에 안전시설이 되어 있지 않은 경우가 흔하다. 예를 들어 깊은 낭떠러지인데도 안전 철책이 없는 경우가 흔하다. 언제든지 안전사고가 발생할 수 있으므로 자신이 조심하는 것이 우선이다. 그런 중에도 긴급한 상황이 발생할 경우, 역시 999로 연락하면 구급차가 온다.

가벼운 질병으로 병원을 찾는 것은 우리나라와 달리 복잡하다. 아일랜드는 지정 의사(GP) 제도를 취하고 있어서, 지정 의사가 없는 경우에는 병원을 이용하기가 어렵다. 병원에 가더라도 의사를 만나기만 하면 기본적으로 40유로를 내야 하므로 부담이 크다. 약국에서 약을 사는 것은 우리와 비슷하다. 의사 처방이 필요한 경우와 그렇지 않은 경우가 있으며, 약값은 우리보다 비싼 편이다. 가능한 한 출발 전에 구급약을 준비하는 것이 편리하다.

안전시설이 전혀 되어 있지 않은 관광지

Tip 2 숙박

호텔 : 최소한 1인당 60~70유로(아침 포함)

아일랜드의 호텔 숙박 비용은 비싼 편이다. 숙박비를 계산하는 방식도 방의 개수가 아닌 사람수로 하는 경우가 대부분이다. 저렴한 호텔이라 하여도 최소한 1인당 60~70유로 이상을 지불해야 한다. 이 요금에는 아이리시 스타일의 아침이 포함되어 있다. 대부분의 호텔이 이보다 비싼 것이 일반적이며, 계절에 따라서 비용 차이가 큰데, 여름철 가격이 더 비싸다.

광고에서는 'From 100 per night' 하는 식으로 from이란 용어를 사용한다. 즉, 최저의 방 값을 의미하는 것이므로 그 값에 방을 구할 수 있다고 생각하면 오산이다. 대부분의 광고에 from이 들어 있으므로 주의해야 한다. 방을 구하러 가 보면 그 값의 방은 이미 차 있는 경우가 일반적이다. 호텔을 찾아갔는데 비싸다는 생각이 들 경우에는 그냥 나오면 된다. 다른 곳을 소개해 달라고 하면, 대부분의 경우 친절하게 안내해 준다.

관련 웹 사이트 : http://www.travelireland.org/
　　　　　　　http://www.irelandhotels.com/

B&B : 최소한 1인당 30~40유로(아침 포함)

B&B는 Bed and Breakfast의 약자로 영국과 아일랜드의 일반적인 숙박 시설이며, 침대 하나와 아침이 포함된 것이다. 전국적으로 셀 수 없을 정도로 많은 B&B가 있다. 요금은 역시 계절에 따라서 달라지며, 호텔에 비하여 저렴하다. 잘 찾으면 여름철에도 1인당 30~40유로로 호텔 수준의 깨끗하고 분위기 있는 곳에서 숙박을 할 수 있다. 일행이 없어서 독방을 써야 하는 경우에는 이보다 많은 비용을 지불해야 한다. 어린이는 25~50%를 할인해 주는 곳이 많다.

B&B

Full 아이리시 Breakfast

B&B를 찾기 어려운 경우에는 마을의 i(관광 안내소)를 찾아서 조건을 이야기하면 적합한 곳을 소개해 준다. 이 때 소개비를 받는 경우도 있다. 대부분의 B&B에서는 커피나 티를 무료로 마음껏 마실 수 있다. 대부분 방에 차와 포트를 준비해 놓고 있다. 아침은 주스와 시리얼, 토스트, 아이리시 Breakfast, 커피나 티로 구성된다. 집에 따라서는 아침을 어떤 것을 할지와 시간을 미리 이야기해야 한다. 보통 아침은 8시부터 먹을 수 있으나 주말에는 늦게 시작한다. Full 아이리시 Breakfast는 베이컨과 소시지, 달걀 프라이 혹은 스크램블, 우리의 순대처럼 생긴 것, 반쯤 구운 토마토 반쪽 등으로 구성된다. 주인은 수시로 식탁에 와서 더 필요한 것이 있는지를 묻는다. 그 때 더 달라고 하면 얼마든지 더 먹을 수 있다. B&B의 단점은 동시에 많은 인원이 숙박하는 것이 어렵다는 것이다. 일행이 많을 경우에는 이웃 B&B에 나누어 묵어야 한다. 대부분의 B&B가 가정집을 활용하고 있어서 규모가 큰 집을 찾기가 쉽지 않다. B&B는 보통 나이가 든 사람들이 운영하는데, 매우 친절하여 다시 찾고 싶은 생각이 들게 한다. 그러나 인사는 아주 간단하게 한다. 그렇다고 그것이 손님에게 서운하다는 것은 아니므로 신경 쓰지 않아도 된다.

관련 웹 사이트 : http://www.ireland-bnb.net/

한인 민박 : 1인당 25~30유로(아침, 저녁 포함)

더블린에는 한국인이 운영하는 민박집이 있으며, 그중 해피하우스(Happy house)가 대표적이다. 도착하는 날 한국식의 저녁과 다음 날 아이리시 스타일의 아침이 제공된다. 숙박비는 학생 25유로, 일반 30유로이다. 더블린 주변의 B&B에서 숙박할 경우 최소한 40유로 정도이니 아주 싼 편이다. 이곳에서는 아일랜드 관광과 어학 연수에 대한 안내도 해 준다.

해피하우스의 웹 사이트 : http://www.com2ireland.com/

Tip 3 식사

Suppermac's의 내부

점심 : 5~10유로로 해결 가능

아일랜드 사람들은 점심을 가볍게 먹는다. 주요 도시나 타운에서는 패스트푸드점을 이용할 수 있다. 아일랜드 고유 체인점인 Suppermac's란 햄버거점이 있으며, 비교적 우리 입맛에 맞는 편이다. 슈퍼나 주유소에서 샌드위치를 살 수도 있으며, 가격은 3~5유로이다.

여행 중 도로변의 피크닉 에어리어(picnic area)에서 음식을 만들어 먹는 것도 가능하다. 취사 도구는 각자가 준비해야 한다. 슈퍼에서는 일회용 바비큐 도구를 팔고 있어서, 고기를 사서 구워 먹는 것도 가능하다. 숙박지에서 미리 밥을 하거나 뜨거운 물을 준비하여 컵라면으로 점심을 대신할 수도 있다. 숙박지에서 뜨거운 물 정도는 서비스해 준다.

여행 중 지나는 마을의 펍에서 점심을 할 수도 있다. 이 때 비용은 10유로에서 크게 벗어나지 않는다. 펍에서 점심으로 먹을 수 있는 것 중에는 BLT와 차우더가 있다. BLT(bacon lettuce tomato)는 샌드위치 빵 혹은 바게트 빵 사이에 베이컨과 양상추, 토마토를 끼워 넣은 것이다. 감자 칩이 곁들여 나오며, 맛이 우리 입에 맞다. 가격은 샌드위치 빵인 경우 7~8유로로, 바게트 빵인 경우 10유로 정도이다. 차우더는 다양한 해물을 넣은 죽과 스프의 중간쯤 되는 것으로 서해안의 것이 유명하다. 가격은 3~5유로이며, 빵이 따라 나오므로 가벼운 점심으로 충분하다. 펍에서는 오후 3~5시까지만 점심이 가능하며, 그 이후에는 저녁 메뉴가 나오거나 아예 음식을 제공하지 않는다. 저녁 메뉴가 제공되는 경우, 점심에 비하여 가격이 비싸다. 고급 바(lounge bar)에서는 거의 음식을 제공하지 않는다.

BLT

차우더

펍의 저녁 메뉴 예(스테이크)

펍의 저녁 메뉴 예(연어 스테이크)

저녁 : 10~20유로로 해결 가능

중국 식당은 저녁을 비교적 저렴하게 해결할 수 있는 곳이다. 물론 식당 안에서 품위 있게 먹으려면 그 비용이 만만찮다. 싸게 먹기 위해서는 주문한 것을 들고 나오는 것(take away ; takeout과 같은 의미)이다. 물론 미리 이야기해야한다. 품위 있게 먹는 것의 절반 정도의 비용으로 분위기 있게 먹을 수 있다. 가까운 공원이나 호숫가 혹은 숙박지에 미리 이야기하면 식당을 사용하게 해주며, 친절한 집에서는 티를 제공하기도 한다. 와인이라도 곁들이면 분위기가 그만이다. 식당에서 먹을 경우는 1인당 15~20유로로, 들고나올 경우는 10유로 내외이다. 주 메뉴에는 밥이나 감자 칩이 포함되는 경우가 대부분이며, 무엇을 선택할 것인지를 묻는다. 만약 특별한 이야기가 없으면 확인해 봐야 한다. 가끔은 펍에서 먹는 저녁도 즐길 필요가 있다. 아이리시적인 분위기를 훨씬 더 느낄 수 있다. 펍에서도 10~20유로면 음식에 기네스 한 잔을 포함하여 먹을 수 있다. 거의 대부분의 메뉴에는 감자가 포함되어 있다. 묻지 않고 칩을 주는 경우도 있고, 칩이나 감자 으깬 것 중에서 선택하는 경우도 있다. 메뉴를 자세히 보면 그런 내용이 쓰여 있을 것이다.

펍의 입구에는 모든 음식의 가격이 게시되어 있어서, 적당한 집을 고를 수 있다. 중국 식당도 마찬가지이나 게시된 가격은 take away인 경우이다. 레스토랑에서는 품위를 지키면서 먹을 수 있는 대신 메인 메뉴의 가격이 보통 25유로가량이다.

차와 음료

찻값은 저렴한 편이다. 여행지의 펍이나 커피숍에서 홍차는 1유로를 크게 초과하지 않고 마실 수 있으며, 커피는 1.50유로면 마실 수 있다. 아무리 분위기가 좋은 곳이라 하여도 이 두 종류는 2유로를 넘지 않는다. 탄산음료는 그보다 조금 비싼 편으로 2유로 정도 한다.

기네스

기네스는 아일랜드의 펍에서 가장 일반적으로 마시는 맥주이다. 가격은 1파인트(pint ; 500cc

정도)에 3.50유로를 크게 넘지 않는다. 다른 종류의 맥주도 그 정도이며, 안주를 따로 주문하지 않아도 되므로 가볍게 마실 수 있다. 주문 받을 때 파인트인지 글라스인지를 물으며, 원하는 크기를 이야기하면 된다. 글라스는 한국에서 일반적으로 마시는 맥주잔의 크기이다.

파인트(왼쪽)와 글라스

Tip 4 생활용품 – 단기 여행자의 경우

의복의 준비

아일랜드의 기온은 한여름인 7, 8월에도 20℃를 크게 벗어나지 않는다. 게다가 바람이 선선하게 불고 있어서 체감온도가 더 낮다. 그러므로 여름철 여행자는 긴팔 옷을 준비하는 것이 좋다. 소매가 짧은 옷을 입고 밤거리를 다니면 감기에 걸리기 쉽다. 또한 비가 내리는 날이 많은 편이므로 가벼운 비옷을 준비하는 것이 좋다.

겨울철에는 기온은 낮지 않지만 바람이 강해서 실제 체감온도는 그보다 훨씬 낮다. 겨울철에 바람이 강할 때는 50m/sec에 이르기도 한다. 또한 비 오는 날이 여름보다 더 많다. 그러므로 모자가 달린 겉옷을 준비하는 것이 편리하다.

슈퍼마켓의 이용

아일랜드에서 영업 중인 대형 슈퍼마켓은 Tesco, Dunnes, Super Value, Aldi, LIDL 등이며 대부분의 도시에서 찾을 수 있다. 이 중 독일계인 Aldi와 LIDL은 다른 곳에 비하여 가격이 저렴한 편이다. 그러나 상표가 우리 눈에 낯선 것이 대부분이며, 신용카드를 사용할 수 없고 현금을 내야 한다. Dunnes에서는 한국의 컵라면을 판매하며 그 가격은 한국의 두 배 이상이다. Tesco, Dunnes, Super Value 등은 우리나라 대형 슈퍼마켓과 크게 다르지 않다. 큰 도시로 갈수록 이런 대형 슈퍼마켓은 중심지에서 벗어나 있다.

슈퍼마켓에 따라서 다르지만, 잘 찾으면 할인 판매를 이용할 수도 있다. 할인 판매의 경우는 많은 양을 구입해야 한다. Tesco에서는 저녁 시간이 지나면 통닭, 빵 등의 가격이 할인된다. 통닭은 오후 6시가 지나면 절반 값으로 할인되며, 빵은 오후 8시경부터 할인이 시작된다. 빵은 시간이 늦어질수록 할인 폭이 커진다.

대형 슈퍼마켓은 요일별로 문을 닫는 시간이 다르므로 주의해야 한다. 토, 일요일에는 다른 날보다 일찍 문을 닫으며, 목, 금요일에는 다른 날보다 늦게까지 문을 연다. 보통 주말에는 오후 6시에 문을 닫고, 일요일에는 늦게 문을 연다.

소매점의 이용

큰 도시에는 소매점 단지(retail park)가 조성되어 있다. 그 단지 내에는 상설 할인 매장이 있어서 급하게 생활용품을 구입해야 할 때 이용하면 편리하다. 도시에 따라서 유명 메이커의 할인점이 있다.

기념품의 구입

아일랜드는 할인점을 제외하고 물건 값의 차이가 크지 않다. 기념품을 구입하려면 어디서 살 것인가를 고민하기보다 마음에 드는 물건을 보았을 때 구입하는 것이 요령이다.

Tip 5 생활용품 – 장기 체류자의 경우

슈퍼마켓의 이용

장기 체류할 경우에는 앞의 경우에 더하여 아시안 마켓을 이용하면 필요한 용품을 구입할 수 있다. 대부분의 도시에 중국인이 운영하는 아시안 마켓이 있다. 또 더블린에는 한국인이 운영하는 마켓(K&C Market)도 있다. 가격은 비싼 편이지만 쌀, 라면, 배추, 고추장, 된장, 간장, 과자 등을 판매한다. 쌀은 한국에 비하여 크게 비싸지 않다. 10kg으로 포장된 쌀이 20유로 정도 한다. Tesco에서도 배추를 판매한다. 배추나 무는 더블린의 야채 시장을 이용하면 비교적 저렴하다.

전자 제품의 구입

대부분의 도시에는 대형 전자 제품 할인 매장과 중고 제품 판매점이 있다. 대형 할인 매장으로는 Curry와 창고형으로 운영하는 Argos가 있다. Argos에서는 물건을 직접 보지 않고 구입해야 하는 단점이 있으나, 물건이 적절치 않은 경우 대부분 교환이나 환불(1개월 이내)이 가능하다. 물건을 교환하거나 환불받기 위해서는 영수증을 보관하고 있어야 한다. 다른 가게에서도 영수증만 가지고 있으면 대부분 교환이나 환불이 가능하다.

유럽은 TV 송출 방식이 우리나라와 다르므로, TV를 구입할 경우 용도를 잘 확인하여야 한다. 만약 한국에서도 사용할 예정이라면 그 가능성을 미리 확인한 다음에 구입하여야 한다. 이는 DVD나 비디오 등도 마찬가지이다. 대부분 도시에는 전자 제품 대여점이 있다. 짧은 기간 사용할 경우라면 굳이 새 제품을 구입하는 것보다 대여하여 사용하는 것도 고려할 만하다.

3핀 방식(왼쪽)과 2핀 방식

전자 제품의 사용

아일랜드의 전압은 220~240V이므로 한국에서 사용하는 대부분의 전자 제품을 그대로 사용할 수 있다. 다만 플러그의 형태가 다르기 때문에 어댑터가 필요하다. 한국에서 사용되는 플러그가 2핀인데 반하여, 아일랜드는 영국과 같은 3핀 방식이다. 어댑터는 아일랜드에서 구입하기 쉽지 않으므로, 단기 여행자라면 한국에서 미리 준비해 가는 것이 훨씬 편리하다. 사용해야 할 전자 제품이 많은 경우에는 한국에서 확장 케이블을 준비해 가면 더 편리하다.

Tip 6 통신의 이용

공중전화

아일랜드에는 한국에서와 같이 공중전화가 많이 설치되어 있지 않다. 필요할 만한 곳에 설치되어 있지만, 처음 입국하여 더블린에서 골웨이로 가는 중 전화를 찾느라 애를 먹었던 기억이 있다. 공중전화의 기본요금은 50센트로 우리보다 비싸다. 사용 방법은 우리나라와 거의 비슷하다.

국제전화

국제전화는 전화 카드를 구입하여 사용하는 것이 저렴하다. 대표적인 것이 슈퍼마켓이나 주유소 등에서 쉽게 구입할 수 있는 스위프트콜(swiftcall) 카드이다. 7유로부터 30유로까지 다양한 가격의 카드가 있으며, 30유로짜리 카드를 구입하면 7유로어치를 추가로 사용할 수 있

스위프트콜 카드

다. 사용 방법은 카드의 뒷면에 자세히 설명되어 있다. 우선 해당 회사로 전화를 연결하면, 카드 뒷면을 긁으면 보이는 pin 번호를 누르라고 하고, 그러고 나면 연결 전화번호를 누르라고 한다. 번호를 누르고 나면 사용할 수 있는 시간을 알려주는 음성이 들리고, 기다리면 한국의 전화로 연결된다. 간혹 카드가 아닌 영수증과 같은 종이를 주는 가게가 있는데, 그 안에 모든 정보가 들어 있다.

한국의 번호를 누르는 방법은 [00-82-0을 뺀 지역 번호-전화번호]이다. 전화 사용료는 사용하는 전화와 받는 전화에 따라 크게 다르다. 예를 들어 집의 전화로 한국의 집에 전화할 경우에는 30유로 카드로 400분 넘게 사용할 수 있으나, 핸드폰에 걸 경우에는 100분 조금 넘게 사용할 수 있다. 15유로 카드로 집 전화끼리는 160분 정도 통화가 가능하다.

관련 웹 사이트 : http://www.swiftcall.ie/ Phonecards/about.html

휴대전화

아일랜드에는 3개의 휴대전화 회사(Vodafone, O2, Metro)가 있다. 공항이나 시내에 대리점이 있으며, 그곳을 찾아 가격을 비교한 후 구입할 필요가 있다. 휴대전화는 잠시 여행하는 사람들에게 편리하게 사용할 수 있는 요금 제도를 갖고 있다. 예를 들어 Vodafone을 90유로를 주고 구입하면, 그 중 최대 70유로 정도가 구입자가 사용할 수 있는 돈으로 돌아온다. 구입 즉시 10유로어치 전화를 사용할 수 있으며, 나머지 60유로는 인터넷을 통하여 가입하면 즉시 충전된다. 다른 전화 회사도 비슷한 방식이다. 충전된 금액이 바닥나면 다시 충전하면 되며, 그것을 top up한다고 표현한다. 구입한 장소나 시내에서 그런 곳을 찾을 수 있다. 일행이 많은 경우 공항에서부터 휴대전화를 구입하여 움직이는 것이 편리하다. 국제전화를 할 경우에도 공중전화보다 휴대전화를 사용하는 것이 편리하고 값이 저렴할 수 있다.

아일랜드의 휴대전화를 들고 국가가 다른 북아일랜드로 들어갈 경우, 자동으로 로밍 서비스가 되는 경우가 있다. 이 때는 받는 전화인 경우도 통화료가 지불되므로 주의하여야 한다. 또한 아일랜드 전화는 영국에서 top up하기 어렵다.

인터넷

시내 곳곳에 인터넷 카페가 있다. 요금은 시간당 3유로 내외로 비싼 편이다. 대부분의 카페에

서는 한국어를 사용할 수 있으며, 관리자에게 문의하면 친
절하게 안내해 준다. 한국어를 사용하지 못하는 카페도 있
으니 미리 확인하여야 한다. 공공도서관에 회원으로 가입하
면 인터넷을 사용할 수 있으며, 사용 시간을 미리 예약하여
야 한다.

우체통

우편

아일랜드에서 한국으로 보내는 우편 요금은 65센트이며 10
일 정도 기간이 소요된다. 굳이 우체국까지 갈 필요 없이
post라고 붙어 있는 곳에서 우표를 구입하여 우체통에 넣으
면 된다. 우편과 관련된 모든 것은 초록색을 사용하고 있으므로 관심을 가지고 보면 우체통이
나 post가 쉽게 눈에 띌 것이다.

Tip 7 대중교통 - 시내의 경우

아일랜드의 대중교통은 우리나라와 비슷한 수준이다. 그러나 시내버스는 우리나라보다 외지
인이 이용하기 편리하다. 예를 들면 작은 도시라도 정류장마다 지나는 버스의 시간표가 적혀
있으며, 운전사가 친절하고, 장애인이 쉽게 탈 수 있는 시설을 갖추고 있다. 요금은 버스를 탈
때 운전사에게 지불하며, 영수증을 발급해 준다. 요금은 한국보다 비싼 편이다.

더블린의 경우

더블린의 경우 시내버스와 전철(Dart), 트램(Luas) 등이 운영
중이다. 트램은 버스와 전철의 중간쯤의 형태로 도로에 설치
된 궤도를 이용하므로 정류장이 도로 상에 설치되어 있다. 더
블린 버스는 대부분 2층 버스이다.
각 교통수단은 개별적으로 이용할 수 있으며, 연계하여 이용
할 수도 있다. 이용 방법이나 요금 등은 구간에 따라서 다르
고, 표도 1일권, 3일권, 5일권 등 다양하여 간단하게 소개하

더블린의 트램(Luas)

더블린 구간별 버스 요금	
정류장 구간	요금(€)
1-3	0.90
4-7	1.30
8-13	1.50
14-23	1.75
23 이상	1.85

더블린 일별 버스 요금	
구분	요금(€)
1일	5.00
3일	10.00
5일	15.00
7일	18.00
가족 1일	7.50

*1일권은 하루 종일 탈 수 있는 것이며, 가족
은 어른 2, 어린이 4를 의미함.

지방 도시의 시내버스

기가 쉽지 않다. 다만 버스를 탈 때 큰돈을 내면 거스름돈을
현장에서 받기 어렵다. 요금을 낼 때 받는 영수증을 버스 회
사에 가지고 가면 거스름돈을 돌려준다. 그러나 웬만하면
잔돈을 미리 준비하는 것이 좋다. 노선도는 공항 등의 i(관광
안내소)에서 얻을 수 있으며, 자세한 사항은 웹 사이트에서
확인하는 것이 좋다. 또한 오코넬 거리의 버스 정류장에서
는 더블린 버스 사무소가 운영 중이며, 버스표는 물론 시내
투어 등에 대하여도 상담할 수 있다.

더블린 버스의 웹 사이트 : http://www.dublinbus.ie/
Dart의 웹 사이트 : http://www.irishrail.ie/dart/home/
Luas의 웹 사이트 : http://www.luas.ie/

지방 도시의 시내버스 : 1.25유로

시내버스가 운영되는 도시는 코크, 골웨이, 리머릭, 워터포
드이며, 애슬론과 드로이다, 던독, 나반, 슬라이고에서는 타
운 서비스가 운영된다. 요금은 구간에 관계없이 일회 승차
시 1.25유로이며, 승차 시 운전사에게 지불하면 영수증을
발급해 준다. 지방 도시의 시내버스는 모두 같은 회사이므
로 그 모양이 비슷하다. 일주일 표도 판매하므로 어떤 것이
저렴한지 확인하고 이용하는 것이 좋다.

택시

아일랜드의 택시 요금은 한국에 비하여 비싸다. 약 5km의
거리를 가는 비용이 10유로 정도이다. 택시 타는 방법은 우
리와 비슷하여 지나는 빈 택시에 손을 들어서 탈 수도 있고, 전화를 하여 원하는 주소지로 오
게 할 수도 있다. 시내 중심지나 호텔, 공항 등에는 빈 택시가 줄을 서서 손님을 기다리고 있
다. 짐을 싣기 위하여 트렁크를 사용하면 추가 서비스 요금을 요구한다.

Tip 8 대중교통 – 장거리의 경우

버스

장거리 버스는 Bus Éireann과 City Link 회사에서 운행하고 있다. Bus Éireann은 거의 전국을 대상으로 하고 있으며, City Link는 더블린 공항–골웨이 구간과 골웨이–섀넌 공항 구간만 운행한다. 버스 요금은 시내에 비하여 싼 편이지만, 가까운 거리의 요금은 비싼 편이다. 예를 들어 같은 회사의 버스일 경우, 골웨이–더블린은 왕복 16유로이지만, 33km 거리인 골웨이–로크리(Loughree) 구간은 왕복 8유로이다. 그러므로 계획을 잘 세워서 장거리로 다니는 것이 비용을 줄일 수 있는 방법이다. 또한 만 16세 이하는 할인되며, 3세 이하는 무

더블린에서부터의 거리와 버스 요금(Bus Éireann)			
도시	거리(km)	편도(€)	왕복(€)
코크	261	15.00	24.00
골웨이	219	13.00	16.00
리머릭	199	15.00	24.00
슬라이고	214	15.00	23.50
워터포드	167	10.00	15.00
위클로	48	6.70	11.00
벨파스트	169	19.00	26.00
데리	237	18.50	24.00
던달크	85	10.50	17.00

*학생과 어린이는 할인 요금이 적용되며, 가족 요금이 따로 있음.

료이다. 원칙적으로 12세 이하는 어른 동반자 없이 혼자 버스를 이용할 수 없다. 또한 어린이 3명과 어른 2명으로 구성되는 가족 요금이 있으며, 가족 요금이 훨씬 저렴하다. 그 외에도 요금의 종류가 다양하므로 자세히 확인하고 표를 사는 것이 유리하다. 장거리 버스이지만 우리나라에서처럼 논스톱으로 가는 것은 없으며, 구간 사이에 있는 도시를 대부분 경유한다. 자세한 사항은 Bus Éireann(http://www.buseireann.ie/)에서 확인할 수 있다. CityLink(http://www.citylink.ie/)는 Bus Éireann보다 조금 싸서 더블린–골웨이 왕복 요금이 15유로이다. 골웨이–섀넌 공항 구간은 편도 13유로로, 왕복 21유로이다.

기차

아일랜드의 기차도 유레일패스가 적용된다. 그러므로 기차를 이용할 경우 한국에서 출국 전에 유레일패스를 준비하는 것이 유리하다. 기차나 선로는 우리나라의 것에 비하여 나아 보이지 않으나, 버스보다 훨씬 빨리 이동할 수 있는 장점이 있다. 더블린에서 코크에 갈 경우, 버스로는 4시간 30분이 걸리나 기차로는 3시간 이내에 갈 수 있다. 골웨이까지는 버스로 4시간이 걸리며, 기차로는 2시간 20분이 걸린다.

그러나 요금은 기차가 훨씬 비싸다. 요금 제도가 다양하므로 자세히 살펴보면 도움이 된다.

더블린에서부터의 기차 요금		
도시	편도(€)	왕복(€)
코크	52.50	56.60
골웨이	28.00	28.00
리머릭	40.00	46.50
슬라이고	24.00	24.00
워터포드	22.00	22.00
로슬레어	18.50	18.50
벨파스트	31.00	32.00
던달크	17.50	23.50

*학생과 어린이는 할인 요금이 적용되며, 가족 요금이 따로 있음.

예를 들어 골웨이-더블린 구간의 어른 왕복표는 28유로이지만 가족 왕복표는 59유로이다. 가족에는 어른 2명과 16세 이하 4명이 포함된다.

노선은 우리나라와 같이 더블린을 중심으로 운행되고 있어서 노선이 다른 지방 도시 간에 이동이 쉽지 않다. 더블린의 경우 동쪽의 코놀리(Connolly) 역에서는 동쪽 해안을 따라서 달리는 벨파스트와 워터포드 방면으로 출발하며, 서쪽의 휴스턴(Heuston) 역에서는 서부 도시인 슬라이고, 골웨이, 리머릭, 코크 등지로 출발한다. 유레일패스를 이용하여 유럽을 경유하여 입국할 경우에는 배가 내리는 로슬레어 유로포트(Rosslare Europort) 역이 있다.

아일랜드의 기차 노선

Tip 9 자동차 운전 중 사고 발생 시

경찰에 연락

안전 운전이 가장 바람직하지만, 만의 하나 사고가 발생하였을 경우에는 경찰에 연락하는 것이 우선이다. 언어 소통 등의 이유로 직접 연락이 힘든 경우, 상대 운전자에게 부탁을 하여도 쉽게 응할 것이다. 긴급 상황 시 전화는 항상 999이다.

가해 차량인지 피해 차량인지 확인이 어려울 때

가해 차량과 피해 차량이 명확하다면 불행 중 다행이지만, 스스로 가해자인지 피해자인지 판단하기 어려우면 상황을 그대로 유지하는 것이 좋을 것이다. 그러나 차량 소통에 너무 방해가 되면 곤란하므로, 준비하고 있는 카메라로 사진을 찍어 두는 것이 좋을 것이다. 이 때 여러 방향에서 사진을 찍어서 현장이 확인되게 해야 한다.

사고 접수를 할 때 상대방의 첫말이 무엇이었는지를 확인한다. '미안하다'는 말을 한 사람이 가해자라고 보면 된다. 그러므로 분명하게 과실을 범하지 않은 경우 함부로 sorry를 하여서는 안 된다. 이는 반드시 기억하고 있어야 한다. 만약 잘못이 없다고 생각해도 sorry를 한 이상은 스스로 과실임을 인정하는 것이 될 수 있다. 오히려 상대가 sorry를 하게 하는 것이 처리에 순조롭다. 아이리시 대부분은 옷깃만 스쳐도 sorry를 한다. 그러나 경제적인 문제와 관련된 상황이 발생하였을 때는 결코 그렇지 않다는 사실을 잊어서는 안 된다.

보험회사에 신고

보험 규정상 가해 차량이면 말할 것도 없으며, 피해 차량일 경우라도 보험회사에 신고하도록 되어 있다. 가까운 보험회사에 가면 신고용 서류가 있으며, 상당히 복잡해 보이지만 작성해서 제출하는 것이 사고 처리에 유리하다. 그 때도 상대 운전자가 처음 한 말이 무엇이었는지를 쓰라고 하는 난이 있다.

변호사에 의뢰

보험 가입 시 모든 조건을 포함한 경우, 피해 차량일 경우도 보험사에서 모든 일을 처리하여 준다. 그렇지 않을 경우 자신이 직접 처리해야 한다. 그러나 그 과정이 길고 복잡하여 직접 처리하는 것은 거의 불가능하다. 어느 정도의 사고를 당하였든지 일단 변호사(soliciter)에게 의

뢰하는 것이 편리하다. 단기 여행자인 경우, 상황을 설명하고 한국에 돌아와 있어도 변호사가 공정하게 처리하여 줄 것이다.

웬만한 사고 처리 기간은 1년을 잡아야 할 것이며, 부상자가 있는 경우 2년이 넘게 걸릴 수도 있다. 가벼운 접촉 사고를 당하고 그것을 해결하는 데 7개월이나 걸렸으며, 그 정도도 변호사에게 빨리 처리해 줄 것을 수시로 부탁한 결과였다. 애초에 변호사는 2년을 기다릴 것을 요구하였다.

Tip 10 자동차 운전면허

국제운전면허증

단기 체류를 목적으로 하는 경우에는 국제운전면허증이 있으면 충분하다. 출국 전에 가까운 운전면허 시험장에 필요한 서류를 준비해 가면, 1년 기간의 국제운전면허증을 발급하여 준다. 국제운전면허증을 가지면 외국 어디서든지 자동차를 운전할 수 있다. 다만, 면허 조건을 잘 확인하여 해당 사항을 벗어나는 차량을 운전하는 일이 없어야 한다.

아이리시 운전면허

아일랜드에서 장기간 체류하려면 자동차 보험 등에 가입하기 위해서 '아이리시 면허'가 필요하다. 한국과 아일랜드 사이에는 상호 간에 자동차 면허를 인정하고 있다. 그러므로 주 아일랜드 대사관에서 한국의 운전면허증을 제출하고 한국운전면허 번역문을 받는다. 그것을 사진과 함께 거주지의 담당 관청에 제출하면 아이리시 면허를 발급해 준다. 관련 서류는 주 아일랜드 대사관 홈페이지에서 다운로드 할 수 있다.

아일랜드 관청에서는 자신이 한국(South Korea)인임을 미리 밝히는 것이 좋다. 그렇지 않을 경우 알파벳 순서에 따라 북한인으로 오해받을 수 있다. 북한인에게는 아이리시 full 면허를 바로 주지 않는다. 아이리시 면허는 임시 면허와 full 면허가 있으며, 반드시 확인하여야 한다. 만약 받은 내용을 확인하고 임시 면허를 주었을 때는 담당자에게 설명하여 수정되도록 하여야 한다. 임시 면허로는 보험 가입 시 큰 곤란을 겪으며 비용 차이도 크다.

Tip 11 자동차의 대여와 구입

대여

자동차의 대여는 인터넷을 통하여 예약이 가능하다. 잠시 아일랜드에 머물 예정이면, 한국에서 예약을 하고 입국할 때 차를 받으면 된다. 대부분의 자동차 렌트 회사는 공항에 사무소를 두고 있어서, 공항에서 차를 받고 반납하는 것이 편리하다. 더블린 공항의 경우 도착장에 사무실이 있으며, 이곳에서 관련 서류에 서명하고 키를 받아 주차장으로 가면 자신에게 정해진 차량이 있다. 키를 받기 전에 서류의 내용을 꼼꼼하게 살피는 일을 빼놓아서는 안 된다. 또한 보험료가 비싸므로 자신에게 필요한 조건만 가입하는 것이 저렴하게 자동차를 이용할 수 있는 요령이다.

자동차를 운전하기 전에 반드시 차량의 상태를 확인하고, 문제가 있으면 가까이에 있는 사무실에 알려야 한다. 자동차를 인수할 때 연료가 가득 차 있으며, 반납할 때 가득 채우도록 하는 것이 일반적이다. 만약 연료가 비어 있는 상태에서 반납하면 더 많은 비용을 부담해야 한다.

구입

아일랜드의 자동차 값은 한국의 두 배 이상 비싸다. 그러니 새 차를 구입하여 타고 다니는 것은 엄두도 나지 않을 수 있다. 도로 상에는 10년을 넘긴 차가 아주 흔하다. 인터넷(예를 들면 http://www.cbg.ie/ 등)에서 중고 자동차를 구입할 수 있고, 각 지역마다 매주 발간되는 동네 신문(우리나라 '벼룩시장'과 같은 것)에 난 자동차 등의 온갖 생활용품 광고를 이용하여 중고차를 구할 수도 있다. 동네 신문은 매주 집으로 배달된다.

자동차를 고를 때는 배기량이 주요 고려 대상이어야 한다. 배기량이 클수록 보험료와 세금이 비싸진다. 또한 우리의 자동차 정기 검사에 해당하는 NCT(National Car Testing)와 세금을 낸 기간이 언제까지인지를 확인할 필요가 있다. 모든 자동차에는 NCT, 세금, 보험 상태를 자동차 전면의 유리창에 부착하게 되어 있으며, 그렇지 않은 경우 경찰에게 제지를 받을 수 있다. 아일랜드에서는 도로 상에서 그것을 단속하는 경찰을 간혹 볼 수 있다. 가능한 NCT 유효 기간이 오래 남아 있는 차를 구입하는 것이 편하다. NCT를 해야 하는 경우에는 적어도 2개월 이전에 일정을 통보해 주며, 인터넷을 이용하여 예약할 수 있다.

장기 체류자의 보험

장기 체류할 경우 자동차 보험은 필수이다. 아일랜드의 보험료는 한국에 비하여 상당히 비싸다. 조금이라도 할인받기 위해서는 한국의 보험 경력 증명서를 모두 준비해 가는 것이 좋다. 그렇다 하더라도 놀랄 정도로 보험료가 비싸다. 그러나 보험 가입을 하지 않고 차를 운전하는 것은 아일랜드에서는 매우 위험한 일이며, 도로에서 간혹 실시하는 검문에 걸릴 수 있다. 자동차의 배기량에 따라 보험료에 차이가 있으며, 1400cc 이하인 경우가 싸다. 보험 조건을 잘 확인하여 값을 낮추도록 하는 것이 요령이며, 보험사마다 가격 차이가 크므로 여러 회사를 방문하여 상담할 필요가 있다.

Tip 12 자동차의 운전

우리나라의 자동차와 다른 점

1. 운전대 : 아일랜드는 영국과 같이 자동차가 우측통행을 한다. 그러므로 운전대가 우측에 있다. 그러나 2, 3일 운전을 하고 나면 곧 익숙해지므로 크게 어려운 문제는 아니다.

2. 거리 단위 표시 방법 : 자동차에 따라서 다르나 mile 단위로 표시하는 경우가 있다. 또는 mile과 km를 동시에 표시해 놓은 경우도 있으므로 미리 확인해 둘 필요가 있다. 2005년 1월부터 점차 km로 통일되고 있으며, 일반적으로 km인 경우 표지판에 단위가 표시되어 있다.

도로 표지와 신호 체계

1. 우측통행을 한다 : 아일랜드 운전이 한국과 가장 다른 점은 우측통행이다. 단기 여행자인 경우 한국에서의 운전 습관 때문에 자칫 실수할 수 있다. 그러나 작은 실수가 대형 사고를 유발할 수 있으므로 세심한 주의가 필요하다. 특히 장거리 운전이 계속되어 피로가 누적되면 실수할 수 있으므로, 적당한 휴식을 취하면서 운전해야 한다. 동승자도 운전 상태를 확인하면서 주의를 주는 것이 도움이 될 수 있다. 운전자가 앉은 자리가 항상 중앙선 쪽이란 사실을 잊어서는 안 된다. 간혹 건물 주차장에 진입하거나 나올 때 방향이 반대인 경우가 있다. 역시 주의해야 할 사항이다.

2. 원형 교차로(round about)가 있다 : 아일랜드와 영국은 물론 유럽의 도로에는 원형 교차로가 있는 것이 우리와 크게 다르다. 원형 교차로 안으로 들어서기 전에 정지선이 있으면, 이

것을 반드시 지켜서 상황을 살핀 후에 진입하는 것이 안전하다. 아일랜드에서는 항상 우측에서 오고 있는 차가 우선이다. 그러므로 진입 전에 우측에서 차가 오고 있는지를 살펴야 하며, 안전하다고 판단될 때 진입해야 한다. 왼편의 차는 신경을 쓰지 않더라도 그 차가 알아서 대응할 것이다. 일단 원형 교차로 안에 들어온 차가 주행의 우선권을 가지므로, 아무도 그 차를 방해하지 않으며 해서도 안 된다. 만약 사고 시 우선권이 없는 차는 절대적으로 불리하다.

원형 교차로 표지판

원형 교차로 표지판 가운데에 검은색 원이 표시된 경우가 있다. 대부분의 원형 교차로는 가운데 둥근 화단이 설치되어 있지만, 간혹 그런 것이 없이 흰색 페인트로 원을 그려 놓은 곳이 있다. 가운데 점이 있는 표지판은 그런 것을 알리는 것이다. 이 때도 보통 삼거리나 교차로 같아 보이더라도 원형 교차로 통행 방식에 따라야 한다. 즉, 현재 주행 중인 차선이 우선권이 있다 하더라도 원형 교차로 표지판이 있는 경우에는 반드시 오른쪽을 살피고 안전할 때 진입해야 한다. 초행자의 사고 발생 가능성이 아주 높은 곳이다.

3. 차선의 색이 다르다 : 아일랜드의 차선의 색은 중앙선은 흰색, 가장자리 선은 황색을 사용한다. 중앙선이 흰색이란 점을 주의해야 하며, 그나마도 실선보다 파선이 많다. 파선은 언제든지 안전을 확인한 후 추월하여도 되며, 간혹 실선인 곳에서는 절대로 추월해서는 안 된다. 가장자리 선이 두 줄인 곳은 주차 및 정차가 절대 불가능한 곳이며, 황색 선이 한 줄일 때는 정차가 가능하다. 북아일랜드에서는 가장자리 선을 흰색으로 하고 있는 점이 다르다.

4. 도로의 거리와 속도 표시 방법이 다르다 : 도로 상의 거리와 속도 표시는 km, mile, yard 등을 사용하여 복잡해 보인다. 아일랜드 공화국에서는 2005년 1월부터 km를 사용하며, 북아일랜드에서는 이정표는 mile 혹은 yard, 제한 속도는 mile을 사용한다. 아일랜드 공화국에서도 2005년 1월 이전에는 제한 속도 표시에 mile을 사용하였으므로 표지판에 단위 (km/hr)가 표시되어 있다. 그러므로 단위가 없는 경우에는 mile일 수 있으므로 주의 깊게 확인할 필요가 있다. 이정표의 표시는 국도는 녹색 바탕을 사용하며, 지방도로는 흰색 바탕을 사용한다.

5. 비보호 우회전이 많다 : 신호 체계는 우리와 비슷하나, 적색 신호에서 좌회전(우리의 우회전과 같은 경우)을 할 수 없다. 직진 신호 시 직진과 좌회전이 가능하며, 비보호로 우회전도 할 수 있다. 비보호 표시를 따로 하지 않으며 우회전 금지가 없는 한 직진 신호 시에 우회전할 수 있으나, 사고 시 모든 책임을 져야 하므로 전방을 잘 살펴야 한다. 우회전 신호가 따

로 주어지는 교차로에서도 직진 신호 시 안전한 경우 우회전이 가능하다.

운전자가 주의해야 할 점

1. 신호와 정지선을 엄수한다 : 어떤 경우에도 신호와 정지선은 지켜야 한다. 특히 다른 차가 없더라도 적색 신호에서는 좌회전을 하지 말아야 한다. 정지선은 필요한 곳에 그어져 있으므로 그것을 넘어서는 곤란하다. 다른 차의 주행을 방해하거나 스스로 어려움에 처할 수 있다. 간혹 정지선이 신호등보다 너무 뒤에 있는 것 같기도 하지만 살펴보면 그럴 만한 곳이기 때문이다. 또한 안전 구역에 차가 서 있어도 곤란하다. 역시 다른 차의 주행을 방해할 수 있다.

   녹색 신호에서 적색으로 바뀌는 단계의 황색 신호에는 정지해야 한다. 그러나 적색 신호에서 녹색으로 바뀌는 단계에서 황색의 점멸등으로 바뀔 수 있다. 이 때는 다른 차량의 운행을 살피면서 방해가 되지 않을 경우 진행할 수 있다. 황색 화살표 신호등이 켜 있을 때도 그 방향으로 비보호로 진행할 수 있다.

2. 신호 예측 운전을 하면 안 된다 : 교차로 신호의 경우 동시에 모두 적색 신호가 켜지는 경우가 흔하다. 뿐만 아니라 한 방향의 신호가 적색으로 바뀌고도 일정 간격을 둔 후에 다른 방향의 신호가 녹색으로 바뀐다. 보행자가 길을 건널 때는 한동안 모든 신호가 적색 상태로 있기도 한다. 그러므로 일정한 리듬에 따라 예측 운전을 하는 것은 매우 위험하다.

3. 길이 좁고 주행 속도가 빠르다 : 아일랜드는 대부분 길이 좁다. 고속도로만 벗어나면 대부분 왕복 2차선로이며, 도로의 폭이 일정하지 않고 두 대의 차량이 동시에 반대 방향으로 진행하기 어렵게 느껴질 만큼 좁아 보이는 경우가 많다. 그런 도로에서도 차량에 관계없이 시속 100km 이상으로 달리는 것이 일반적이다. 남들이 그렇게 달리더라도 자신이 없으면 안전을 위하여 천천히 다니는 것이 좋다. 누구도 위협적으로 운전하지 않을 것이며, 알아서 추월한다.

4. 경적과 상향등을 사용하면 위험할 수 있다 : 운전 시 우리나라에서와 크게 다른 점이 경적과 상향등 사용의 의미이다. 두 경우 양보나 반가운 사람을 만났을 때에 사용한다. 옆 차가 경적을 울리더라도 놀랄 필요 없이 자신의 주행을 계속하면 된다. 상향등은 상대방 차나 앞의 차가 차선을 변경하여 들어오려고 할 때 양보한다는 의미로 사용한다. 고속도로에서 추월선을 달리던 차가 주행선으로 들어갈 때 주행선의 차가 상향등을 켜는 것은 들어와도 좋다는 의미이다. 상대방 차가 우회전하려고 할 때 들어오지 말라고 상향등을 켜면 사고를 유

발한다. 그 차는 양보한다는 의미로 받아들이고 진입할 것이기 때문이다. 그러므로 가능한 한 상향등을 사용하지 않는 것이 상책이다.

우선 차로 표지판

5. 큰 도로가 항상 우선이다 : 우리나라에서는 교차로나 3거리 등의 모든 방향에 양보 표시를 하는 경우가 많다. 그러나 아일랜드에서는 양보 방향과 우선 방향을 명확하게 구분한다. 만약 양보 방향의 차가 진입하다 사고가 발생하면 절대적으로 불리하다. 마름모 모양의 노란색 바탕에 검은색으로 길 모양을 표시하며, 우선권 도로는 굵게, 양보 도로는 가늘게 표시한다. 양보 도로에서 큰 도로로 진입할 때는 일단 정지하고, 우측과 좌측을 살펴 안전이 보장될 때 진입하여야 한다. 큰 도로에서 작은 도로로 진입하려는 차와 작은 도로에서 큰 도로로 진입하려는 차가 있을 때 당연히 전자가 우선권을 갖는다.

6. 전조등을 켜고 운전한다 : 낮에도 대부분의 차는 주행 중에 전조등을 켜고 있다. 아일랜드는 태양고도가 낮고 흐린 날이 많으므로 전조등을 켜고 운전하는 것이 안전하다. 맑은 날에도 상대방 차가 음지에서 다가오면 존재를 확인하기 어려울 수 있다. 그러므로 항상 전조등을 켜는 것이 안전하다.

7. 도로 상에 가축이 많다 : 도시를 벗어나면 도로변에서 풀을 뜯고 있는 양이나 소, 말 등을 자주 목격할 수 있다. 양이나 소는 차가 다가와도 피하지 않는 경우가 있으므로 주의해야 한다. 과속을 하다 양을 피하려는 것은 사고로 이어질 수 있다. 사람이 타고 있는 말도 자주 볼 수 있으며, 이 역시 안전에 주의해야 할 대상이다. 말을 타고 있는 사람이 한 손을 드는 것은 그 방향으로 전환한다는 것이므로 추월하는 것은 위험하다. 그 밖에 개나 들고양이 등이 도로를 횡단하는 경우도 잦으므로, 역시 주의해야 한다.

8. 자전거가 많다 : 아일랜드는 유럽에서 자전거 여행을 하기에 가장 좋은 곳으로 알려져 있다. 계절에 관계없이 도시나 시골에서 자전거를 자주 만나게 된다. 그 자전거가 아무리 느리더라도 위협을 하여서는 안 된다. 추월이 어려운 경우에도 상황이 좋아질 때까지 자전거를 따라가는 것이 상식이다. 무리하게 자전거를 추월하려다 큰 사고로 이어질 수 있다. 자전거를 탄 사람이 손을 드는 것은 양보한다는 것이 아니라 그 방향으로 간다는 의미이므로 주의해야 한다.

9. 보행자가 신호를 지키지 않는 경우가 있다 : 보행자가 빨리 건너기는 하지만 신호를 무시하고 도로를 횡단하는 경우가 있다. 특히 도시에서 그런 경우가 많다. 그러나 그런 보행자에게 욕을 하거나 위협하지 말고, 안전하게 건너게 해주는 것이 필요하다.

10. 주차는 지정된 장소에 해야 한다 : 주차를 위반할 경우 대부분은 예고 없이 바퀴를 묶어 놓는다. 그것을 푸는 비용은 주차비를 훨씬 초과하므로, 안전한 주차 장소를 찾아서 주차해 야 한다. 시내의 대부분 도로와 광장에는 주차선이 그어져 있고, 선불로 주차비를 받는다. 주차 관리인은 없으며, 주차비를 받는 기계가 설치되어 있다. 주차할 시간에 해당하는 금액 을 기계에 넣으면 증서가 나오며, 그것을 자동차의 전면 유리에 붙여 놓으면 된다. 주차비 는 도시에 따라 다른데 지방 도시의 경우 1시간에 1~2유로이고, 더블린은 그보다 훨씬 비 싸다. 대부분 주차비는 낮에만 받고 야간에는 무료이다. 그 기준 시간은 주차선이 그어진 곳 주변에 표시하고 있다.

건물이나 공원 등 관리인이 있는 주차장은 후불제인 경우가 많다. 이 경우도 사람에게 직접 주차비를 내는 경우보다 기계에 돈을 내는 경우가 많다. 이는 우리나라와 비슷한 방식이며, 노상 주차장보다 요금이 조금 비싼 것이 일반적이다.

11. 연료의 주유는 스스로 한다 : 대부분의 주유소에서 운전자가 직접 연료를 주입한다. 연료 를 채운 후 계산대에 가서 주유한 금액이나 펌프의 번호를 알려주면 계산이 이루어진다. 간 혹 주유를 도와주는 사람이 있으나 서비스 비용은 따로 받지 않는다. 주유소마다 가격의 차 이가 꽤 있으므로 주유 전에 가격을 확인할 필요가 있다. 가격의 차이는 1리터당 10센트가 량 벌어지기도 한다.

보행자가 주의해야 할 점

1. 우측을 먼저 살핀다 : 자동차가 우측통행을 하고 있으므로 우측을 먼저 살피는 것을 잊어서 는 안 된다. 좌측을 먼저 살펴야 하는 경우에는 보통 도로 바닥에 큰 글씨로 왼쪽을 확인하 라고 쓰여 있다.

2. 가능한 한 신호를 준수한다 : 간혹 신호를 지키지 않고 길을 건너는 사람을 목격할 수 있다. 그러나 신호를 지키는 것이 안전한 여행의 첫걸음이다. 우리나라처럼 보행자 신호가 주기 적으로 켜지지 않으며, 건널목마다 설치된 보행자 버튼을 누르고 기다리면 보행자 신호가 들어온다. 교차로 건널목의 경우 동시에 보행자 신호가 들어오는 경우가 많다.

3. 건널목은 신속하게 건넌다 : 아일랜드에서는 대부분 빠른 속도로 길을 건넌다. 운전자는 보 행자가 그렇게 건널 것이라고 판단하고 있으므로, 한국에서와 같이 느리게 길을 건너는 것 은 매우 위험하다. 보행자가 우선임은 말할 것도 없지만, 이방인인 입장에서 불의의 사고를 당하는 것보다는 피하는 것이 훨씬 더 낫다.

4. 차로를 침입해서는 안 된다 : 아일랜드에 처음 도착해서 보면 보행자들이 엉망으로 길을 다니는 것처럼 보일 수 있으나, 대부분 규칙에 따라 움직이고 있음을 곧 깨닫게 된다. 규칙을 어기면 자신에게 불리하기 때문이다. 운전자는 당연히 보행자를 보호해야 할 의무가 있고, 모든 것이 보행자 우선이지만 대부분 규칙대로 움직인다. 보도가 좁은 경우 간혹 차로를 침입할 수 있으나 매우 위험하다. 좀 느리게 가더라도 보도를 통하여 이동하는 것이 안전하다.

Tip 13 아일랜드에서 유럽으로 가려면

항공 편을 이용할 경우

아일랜드 국적의 라이언에어(Ryanair)는 저렴한 가격으로 유명하다. 이 항공사는 더블린과 섀넌 공항을 중심으로 유럽의 주요 도시를 연결한다. 항공 요금은 가장 적게는 세금만 내는 경우도 있으며(0.1유로+세금), 날짜와 시간 등에 따라 천차만별이다. 더블린-파리 구간을 서울-제주 구간보다 싼 요금으로 탈 수도 있다. 예약할 때 날짜와 시간을 주의 깊게 확인해야 한다. 주말이 비싸고 주중이 싼 편이다. 각 편마다의 요금이 따로 있어, 왕복 할인은 적용되지 않으며 어린이 할인도 없다.

라이언에어를 이용하기 위해서는 몇 가지 알아 두어야 할 사항이 있다. 이 항공사는 인터넷으로만 예약을 하며 비행기표가 없다. 인터넷으로 예약하고 출력한 확인서가 비행기표를 대신한다. 물론 예약 번호만 알고 있어도 된다. 요금이 저렴한 대신 환불이 불가능하다. 그러므로 신중하게 판단하여 예약하여야 한다. 체크인을 위해서 사진이 있는 신분증이 있어야 한다. 체크인을 하여도 좌석 번호를 주지 않는다. 자신이 알아서 비행기를 찾아가 자리를 잡아야 한다. 짐은 15kg까지만 실을 수 있다. 비행기 탑승 시 어린이를 동반한 가족이 우선한다.

이 항공사는 큰 도시에서 떨어진 작은 공항을 이용한다. 만약 유럽의 다른 공항에서 비행기를 바꿔 타려는 경우라면 충분한 시간이 있어야 한다. 런던의 경우 히드로 공항이 아닌, 스텐스테드나 외곽의 공항을 이용한다. 그러므로 다른 대형 항공사가 주로 이용하는 히드로 공항까지는 버스를 타고 이동해야 한다. 파리의 경우도 파리 북쪽의 보베 공항을 이용하며, 파리 시내까지는 비행기 도착 시간에 맞춰 버스가 운행된다.

비행 중 무료 기내 서비스가 없다. 그러나 필요한 경우 유료 서비스를 받을 수 있다. 아일랜드 국적의 Air ringus 항공도 영국과 아일랜드 사이 노선에서 무료 기내 서비스를 하지 않는다. 자세한 사항과 예약을 위한 웹 사이트 : http://www.ryanair.com/

아일랜드와 스코틀랜드 사이의 고속 페리

페리를 이용할 경우

아일랜드에서 유럽으로 연결되는 페리 항구는 더블린과 벨파스트, 란, 로슬레어 등이다. 이 중 란과 벨파스트에서는 주로 스코틀랜드로 연결되며, 더블린에서는 영국의 리버풀과 홀리헤드 등으로 연결된다. 로슬레어는 남부에 있는 항구로, 프랑스 방면으로 연결된다.

페리 요금도 날짜와 시간에 따라서 가격이 다르며, 왕복을 이용하는 것이 편도보다 유리한 요금을 적용받는다. 모든 노선이 인터넷에서 예약 가능하며, 당일에 표를 구하는 것보다 미리 예약하는 것이 저렴하다. 심지어 아침 첫 페리를 타더라도 전날 저녁에 예약하는 편이 유리하다. 인터넷에서 예약하면 예약 확인서를 출력하라고 하며, 페리 승선 시 예약자가 모두 차량에 동승한 채 체크인할 때 그 증서를 제출하면 된다. 예약 시 이름과 나이 등의 신상 정보를 기록하지만, 승선할 때는 거의 확인하지 않는다.

대부분의 페리에는 레스토랑과 바, 기념품 가게 등이 있어서 지루하지 않게 여행을 할 수 있다. 페리 안에서 먹을거리를 미리 준비하여도 된다. 아일랜드와 영국을 잇는 구간은 대부분 3시간 내외이며, 프랑스까지는 20시간 가까이 소요된다. 그러므로 잠을 잘 수 있는 선실이 필요하다. 가격은 가장 저렴한 2베드가 비수기 44유로, 성수기 54유로이며 승선 요금과 별도이다. 아일랜드와 프랑스를 연결하는 노선의 경우, 유레일패스 소지자는 50% 할인이 적용된다.

Irish Ferry(http://www.irishferries.com/)는 더블린-홀리헤드 구간과 로슬레어-펨브룩(영), 로슬레어와 프랑스의 로스코프와 셰르부르 구간을 운항한다.

Stena Line(http://www7.stenaline.co.uk/)은 더블린-홀리헤드 구간과 로슬레어-Fishguard(영), 벨파스트-스트래네어 구간, 란-Fleetwood 구간을 운항한다.

P&O Irish Sea(http://www.poirishsea.com/)는 란-Cairnyan(스코틀랜드) 구간과 란-Troon(스코틀랜드) 구간, 더블린-리버풀 구간, 로슬레어-셰르부르 구간을 운항한다.

Tip 14 활용하면 유익한 것

관광 안내소

i (관광 안내소)

대부분의 도시나 마을에는 i(관광 안내소)가 있으며, 주로 중심
지나 기차역 등이 가까운 곳에 자리한다. 여름철에는 대부분
문을 열고 있으며, 비수기에는 문을 닫는 곳이 많다. 도로 지도
에는 연중 문을 여는 곳과 그렇지 않은 곳을 구별하여 표시하
고 있다. 어느 마을이나 도시를 가더라도 입구에서부터 i를 가
리키는 표지판이 있어서 찾아가기 쉬운 편이다. 만약 사무실이 없는 경우에는 마을 중심지의
광장 등에 안내 지도와 주요 볼거리, 추천할 만한 펍과 B&B 등을 게시하고 있으며, 초행자에
게는 큰 도움이 되는 정보이다. 그러므로 어디에서든 i를 찾는 것이 가장 우선할 일이다.
i에서는 볼거리와 숙박 시설 등에 대하여 도움을 준다. 그 외에 그 지역과 관련된 여행 자료 등
도 무료 혹은 유료로 서비스한다. 숙박 시설을 소개하는 경우에는 i에 따라서 소개비를 받는
곳이 있으며, 대략 숙박료의 5%를 받는다. 전화 통화가 어려운 경우, 소개비를 받지 않는 i에
서도 직접 전화하여 예약을 확인시켜 주기도 한다. 전화하기 어려울 경우 도움을 청하면 대부
분 도와준다. i는 오후 5시 이전에 이용하도록 한다.

가족 요금 제도

아일랜드의 공공요금에는 대부분 가족 요금 제도가 있다. 대중교통 요금은 물론 관광지 입장
권 등에 적용되며, 그 가격이 아주 저렴하다. 대부분의 경우 성인 2~3인의 요금으로 가족 전
체가 이용할 수 있다. 가족의 기준은 장소와 시설에 따라서 다르다. 성인 2명에 어린이 2~4명
을 인정한다. 어린이는 16세까지이며, 유아와 노인은 무료인 경우가 많으므로 확인하고 표를
구입하는 것이 좋다.

왕복 요금 제도

아일랜드의 대중교통 요금은 대부분 왕복 할인이 적용된다. 심지어는 편도 요금과 왕복 요금
이 같은 경우도 있다. 왕복의 경우 당일 왕복과 다음 날 혹은 1주일, 한 달 등의 조건에 따라서
가격이 다른 경우가 있으며, 자신에게 적합한 것을 선택하면 된다.

주유소

주유소는 우리 개념으로 휴게소라고 생각해도 무방하다. 규모는 작지만 여행 중 필요한 것을 대부분 해결할 수 있다. 설령 연료를 넣지 않는 경우라도 이용하는 데 불편이 없다. 다만 그럴 경우 주유하는 차량에 방해가 되지 않는 곳에 주차를 하는 것이 예의이다.

아일랜드의 도로에서는 우리와 같은 개념의 휴게소를 찾기 어렵다. 운전을 하다 피곤할 경우 주유소에서 쉬었다 가는 것이 좋다. 대부분의 주유소에서는 차와 가벼운 스넥류를 판매하고 있어서 점심을 해결하기에 좋다. 주유소에서 판매하는 커피는 1.50유로를 넘는 경우가 드물다.

도로변의 주차장과 피크닉 에어리어

아일랜드에는 휴게소가 없는 대신 도로마다 안전하게 쉬었다 갈 수 있는 주차장과 피크닉 에어리어가 조성되어 있다. 비교적 큰 곳에는 식탁과 바비큐를 할 수 있는 공간이 마련되어 있다. 여행 중 휴식은 물론 점심을 해결하기에 좋은 장소이다. 대부분의 도로 지도에는 이런 장소가 표시되어 있으므로 지도를 잘 활용하면 도움이 된다.

피크닉 에어리어

면세 혜택

단기 여행자는 구입하는 물건에 대한 면세 혜택을 받을 수 있다. 장기 체류자인 경우도 물건 구입일로부터 3개월 이내에 출국할 경우 같은 혜택을 받을 수 있다. 면세 혜택을 받기 위해서는 물건을 구입할 때 판매 점원에게 관련 서류를 요청하면 작성하여 준다. 출국 시 공항에 있는 세관에 그 서류를 제출하고 세금 환급을 요청하면 해당 금액을 돌려준다. 아일랜드는 세금이 우리나라보다 비싼 편이므로 환급받을 수 있는 세금이 적지 않다. 물건 구입 시에 붙는 세금이 종류에 따라 다르지만 최소한 13.5%이다.

Tip 15 편리하고 저렴한 여행 방법

자전거를 이용한 여행

아일랜드의 도로는 자동차의 통행이 많지 않아 자전거 여행을 하기에 편리하다. 계절에 관계없이 도로에서 자전거 여행자들을 자주 만날 수 있다. 시간을 줄이기 위해서 큰 도시까지 버스를 이용하여 이동하고, 도시 주변을 자전거로 여행하면 편리하다.

자전거가 다니는 길에는 젊은이를 위한 유스호스텔이 곳곳에 있어서 저렴한 비용으로 숙박할 수 있다. 대부분 1인당 숙박비가 1박에 15유로 미만이다. 유스호스텔에서는 다양한 국적의 사람들을 만나서 교류할 수 있는 장점도 있다. 유스호스텔에 대한 정보는 웹 사이트(http://www.anoige.ie/)에서 확인할 수 있으며, 인터넷으로 예약이 가능하다.

렌터카를 이용한 여행

아일랜드의 자동차 렌트 비용은 비싼 편이나 일행이 여럿인 경우는 고려해 볼 만하다. 자동차 자체보다 보험료 때문에 피부로 느끼는 비용이 더욱 비싸게 느껴진다. 가능한 한 최소한의 차를 이용하면 큰 부담 없이 편한 여행을 즐길 수 있다. 또한 보험 조건을 자세히 살펴서 최소한으로 하는 것이 필요하다. 이럴 경우 일행 중에 지도를 잘 볼 수 있는 사람이 필요하다. 아일랜드는 주변 국가에 비하여 도로 안내가 부실하다고 하나, 우리나라에 비하면 잘 갖추어진 느낌이다. 지도와 도로 표지판만 잘 확인한다면 큰 문제 없이 여행을 즐길 수 있다.

이 때 숙박은 호텔보다는 시내 중심에서 조금 벗어나 있는 곳에 자리한 B&B가 적합하다. 시내 중심에서 벗어나 있는 B&B가 더욱 친절하고 깨끗한 편이다. 이럴 경우 아주 비싼 곳이 아니면 1인당 30유로 정도(아침 포함)에 숙박이 가능하다.

관광 회사의 일일 투어를 이용한 여행

아일랜드의 주요 도시에는 일일 관광을 운영하는 회사가 있다. i(관광 안내소)에 찾아가면 그에 대한 자세한 안내를 받을 수 있다. 비용은 반일 관광의 경우 15~20유로이며, 일일 관광은 30~40유로이다. 어린이는 이 요금에서 50%가 할인되는 것이 대부분이다. 이런 것을 이용할 경우, 그 비용 속에 포함되는 것이 무엇인지를 확인하여야

더블린 시내 관광버스 : 더블린 시내의 주요 볼거리를 돌아보는 코스로 비용은 성인 12.50유로이다.

한다. 간혹 커피를 제공하는 경우가 있으며, 점심은 제공하지 않는다. 이 외에 3일 혹은 4일 정도 기간의 관광 코스도 운영된다. 3일 관광은 250유로 내외, 4일 관광은 300~400유로이다. 이 경우 숙박하는 곳의 수준과 저녁 포함 여부 등을 확인하여야 한다.

관련 웹 사이트 : http://www.irishcitytours.com/

http://www.ireland-bus-tours.com/

http://www.celtour.ie/

<부록 2>
지명 표기

[ㄱ]

가족 역사 연구 센터(Family History Research Center)

갈라러스(Gallarus) 기도원

갤티모어(Galtymore) 산

갤티 산지

고트(Gort)

골웨이(Galway)

골웨이 주

귀바라(Gweebarra) 강

그랍통(Grafton)

그레낸(Grenan) 성

글렌게스 고개(Glengesh pass)

글렌나리프(Glenariff)

글렌달록(Glendalough)

글렌카(Glencar) 골짜기

글렌쿨렌(Glencullen)

글렌티스(Glenties)

길드 홀(Guild hall) 건물

길(Gill) 호

[ㄴ]

나반(Navan)

네이(Neagh) 호

노르(Nore) 강

노스(North) 해협

뉴그레인지(Newgrange) 고분군

뉴로스(New Ross)

뉴리(Newry)

뉴캐슬(Newcastle)

니나(Nenagh)

[ㄷ]

다운(Down)

다운 주

다운패트릭(Downpatrick)

다이사트(Dysart) 성

더그(Derg) 호

더블린(Dublin)

더투웰브핀스(The Twelve Pins)

던가반(Dungarvan)

던글로우(Dunglow)

던달크(Dundalk)

던러스(Dunluce) 성

던로(Dunloe) 협곡

던불콘 만(Dunbulcaun bay)

데리모어(Derrymore)

데리(Derry)

데리 주

데리클레어(Derryclare)

델빈(Delvin)

도그스(Dogs) 만

도니골(Donegal)

도니골 광장(Donegal Place)

도니골 주

돌리마운트(Dollymount)

두샤리(Doocharry)

둘린(Doolin)

듀(Dew)

드럼린(drumlin)

드럼클리프(Drumcliff)

드로이다(Drogheda)

딩글(Dingle)

딩글 반도

[ㄹ]

라라(Laragh)

라우스(Louth)

라우스 주

란(Larne)

레이디스(Ladies) 전망대

레이시(Laois)

레이트림(Leitrim)

레이트림 주

레터케니(Letterkenny)

렌스터(Leinster)

렌스터 하우스(Leinster House)

로몬드(Lomond) 호

로스(Ross) 성

로스코몬(Roscommon)

로스코몬 주

로스코프(Roscoff)

로슬레어(Rosslare)

로슬레어 곶

로슬레어 유로포트(Rosslare Europort)

로시스(Rosses) 곶

로어언(Lower Erne) 호

로크리(Loughree)

로크스윌리(Lough Swilly)

록오브카셀(Rock of Cashel)

롱포드(Longford)

리(Lee) 강

리머릭(Limerick)

리스모어(Lismore)

리즈번(Lisburn)

리피(Liffey) 강

리(Ree) 호

린넌(Leenaun)

린치(Lynch) 성

린(Leane) 호

링(Ring)

링오브비라(Ring of Beara)

링오브케리(Ring of Kerry)

[ㅁ]

마스크(Mask) 호

마요(Mayo)

마요 주

만게르톤(Mangerton) 산

맘크로스(Maam Cross)

매고(Magho) 절벽

매노해밀톤(Manorhamilton)

매린(Malin) 곶

매튜 신부(Fr. Mathew) 다리

맥닌(Macnean)

먼스터(Munster)

메이스(Mace) 곶

멜로우(Mallow)

모내스터보이스(Monasterboice)

모니건(Monaghan)

몰스갭(Moll's Gap)

무리스크(Murrisk)

무어(Thomas Moore)

물락모어(Mullaghmore)

물린가(Mullingar)

물린가 성당(Cathedral of Church the King)

미들톤(Midleton)

미스(Meath)

미스 주

밀리터리로드(Military Road)

밀마운트(Millmount)

밀타운(Milltown)

[ㅂ]

발렌티아(Valentia) 관측소

발리나슬로(Ballinasloe)

발리메나(Ballymena)

발리샤논(Ballyshannon)

발리해이즈(Ballyhaise)

밴트리(Bantry) 만

밸리나(Ballina)

밸리반(Ballyvaghan)

밸리캐슬(Ballycastle)

뱅고(Bangor)

버(Birr)

버렌(Burren)

버렌(Burren) 국립공원

버밍검(Bermingham)

번도란(Bundoran)

벡티브(Bective)

벤네비스와 글렌코(Ben Nevis and Glen Coe)
   국립공원

벤불벤(Ben Bulben) 산

벤불빈(Benbulbin)

벤트리(Ventry)

벨쿠(Belcoo)

벨파스트(Belfast)

보인(Boyne) 강

보인(Boyne) 계곡

부시밀즈(Bushmills)

북부 티퍼레리 역사 센터(Tipperary North
   Heritage Center)

브람 스토커(Bram Stoker)

브랜던(Brandon) 산

브레이(Bray)

브레이 호

블라니(Blarney)

블라니(Blarney) 성

블랙라이언(Blacklion)

블랙밸리(Black Valley)

블랙워터(Blackwater) 강

비그(Beagh) 호

비네거힐(Vinegar Hill)

비라(Beara) 반도

[ㅅ]

살리갭(Sally Gap)

샨킬 로드(Shankill road)

섀넌(Shannon) 강

섀넌-언 수로

섀넌하버

세인트로렌스 게이트(St. Laurence's Gate)

세인트맥카탠(St. MacCartan) 성당

세인트메리(St. Mary) 교회

세인트스티븐 공원(St. Stephen's Park)

세인트앤(St. Anne) 대성당

세인트으난(St. Eunan) 성당

세인트조지(St. George's) 해협

세인트케빈 교회(St. Kevin Church)

세인트케빈스키친(St. Kevin's Kitchen)

세인트클로맨(St. Cloman) 성당

세인트플라만 성당(St. Flannam's Cathedral)

세인트피터 교회(St. Peter's Church of
    Ireland)

세인트피터 성당(St. Peter's Catheral)

세인트핀배레(St. Fin Barre) 성당

솔트힐(Salt hill)

송네(Sogne) 피오르

숀 휴스턴 다리(Sean Heuston Bridge)

숍스트리트(shop street)

슈(Suir) 강

스님(Sneem)

스윌리(Swilly) 강

스윌리(Swilly) 만

스테이션하우스(Station House) 호텔

스트래네어(Stranaer)

스트랜드힐(Strandhill)

스트롱보우(Strongbow)

스티븐(Stephen) 거리

슬라이고(Sligo)

슬라이고 주

슬랜(Slane)

슬리(Slea) 곶

슬리브리그(Slieve League)

슬리브모어(Slievemore) 산

슬리에브엘바(Slieve Elva) 산

[ㅇ]

아다레(Adare)

아란(Aran) 섬

아란(Aran) 제도

아마(Armagh)

아보카(Avoca)

아보카(Avoca) 강

아보카의 골짜기(Vale of Avoca)

아스보이(Athboy)

아이리시 해(Irish sea)

아일랜드 국립 역사 공원(Irish National
    Heritage Park)

아일랜드 산업개발청(IDA: Irish Development
    Agency)

아일위(Aillwee) 동굴

아클로(Arklow)

아클로 다리

아클사운드(Achill Sound)

아클(Achill) 섬

안 스트리트(Ann street)

애드모어(Ardmore)

애슬론(Athlone)

애시포드(Ashford) 성

앤트림(Antrim)

앤트림 산지

앤트림 주

어퍼언(Upper Erne) 호

어퍼(Upper) 호

언(Erne) 강

얼스터(Ulster)

에니스(Ennis)

에니스킬렌(Enniskillen)

에어 광장(Eire Square)

엘핀(Elphin)

예이츠 컨트리(Yeats Country)

오마(Omagh)

오코넬 거리(O'Connell Street)

오팔리(Offaly)

오팔리 주

올드 라이브러리(Old Library)

옴니(Omey) 섬

욜(Youghal)

우스라드(Ougtherard)

워터게이트(Watergate)

워터빌(Watervill)

워터포드(Waterford)

워터포드 주

워터포드 크리스털(Waterford Crystal)

웨스트미스(Westmeath)

웨스트미스 주

웨스트포트(Westport)

웨일스(Wales)

웩스포드(Wexford)

웩스포드 주

위클로(Wicklow)

위클로 계곡(Wicklow Gap)

위클로 산지

위클로 주

이낙 호(Lough Inagh)

이니스코티(Enniscorthy)

이니스티몬(Ennistimon)

이니스티오게(Inistioge)

이니스프리(Innisfree)

이니시모어(Inishmore)

인치(Inch) 곶

[ㅈ]

자이언츠코즈웨이(Giant's Causeway)

제임슨(Jameson)

조이스컨트리(Joyce's country)

[ㅊ]

차하(Caha) 산지

처치 스트리트(Church street)

[ㅋ]

카론투힐(Carrauntoohil) 산

카링포드(Carlingford)

카모기(camogie)

카반(Cavan)

카반 주

카셀(Cashel)

칼로(Carlow)

캐릭퍼거스(Carrickfergus)

캐슬그레고리(Castlegregory)

캐슬폴라드(Castlepollard)

커러(Curragh)

케리(Kerry)

케리 주

켄메어(Kenmare)

켈스(Kells)

켈트 해(Celtic sea)

켈틱 타이거(Celtic Tiger)

코네마라(Connemara)

코네마라 국립공원

코노트(Connaught)

코너(Connor) 고개

코놀리(Connolly)

코메라크(Comeragh) 산

코브(Cobh) 항

코크(Cork)

코크 주

콘에어(Conair) 골짜기

콘(Conn) 호

콩(Cong)

콰이트맨(Quite man) 다리

쿠센델(Cushendall)

쿡스타운(Cookstown)

크로(Clew) 만

크로크 파크(Croke Park)

크로크패트릭(Crough Patrick) 산

크로포드(Crawford)

크로히(Crohy) 곶

크롬웰(Cromwell) 다리

클라이언브리지(Clarinbridge)

클럭게이트(Clock gate)

클레이(Clare)

클레이 주

클로나드(Clonard)

클론멜(Clonmel)

클론버(Clonbur)

클론탈프(Clontarf)

클리포니(Cliffony)

클리프덴(Clifden)

클립스오브모어(Cliffs of Moher)

킨바라(Kinvarra)

킬(Keel)

킬데어(Kildare)

킬라니(Killarney)

킬라니 국립공원

킬라리(Killary) 피오르

킬라리하버(Killary Harbour)

킬럴루(Killaloe)

킬레모어(Kylemore) 수도원

킬리니(Killiney)

킬매캐노게(Kilmacanoge)

킬케니(Kilkenny)

킬케니 성

킬쿰민(Kilcummin)

킬키(Kilkee)

[ㅌ]

터프(turf)

테이(Tay) 호

토마스타운(Thomastown)

투암(Tuam)

툴리날리(Tullynally) 성

트라모어(Tramore)

트랄리(Tralee)

트램(tram)

트리니티 칼리지(Trinity College)

트림(Trim)

티론(Tyrone)

티퍼레리(Tipperary)

티퍼레리 주

[ㅍ]

파넬(Parnell) 기념탑

파크스(Parkes) 성

퍼매너(Fermanagh)

펨브룩(Pembroke)

폐허의 마을(deserted Village)

포일(Foyle) 강

포트러시(Portrush)

포트윌리엄(Fort William)

피니(Finny)

피닉스 파크(Phoenix Park)

피츠제럴드(Fitzgerald) 공원

[ㅎ]

하이드브리지(Hyde Bridge)

하페니(Ha'penny) 다리

헤드포드(Headford) 다리

호스(Howth)

휴스턴(Heuston)

힐리(Healy) 고개

에필로그

마지막 사진을 고르고 나니 큰 짐을 벗은 느낌이다. 마침 창밖에 쏟아지는 장맛비 소리와 스피커에서 흘러나오는 몰리말론이 어울린다. 이 노래는 우리 가족이 서울로 돌아오려고 할 무렵 막내가 애창하던 곡이다.

책을 낸다고 마음을 먹고 시작할 때는 망설임이 컸으나, 항상 그랬던 것처럼 시작이 반이란 마음으로 첫 자판을 두드렸다. 역시 그 말이 맞는지 이제 그 일이 내 손에서 떠나려고 한다. 어떤 이들은 일을 쉽게 마쳤다고도 한다. 그렇다. 그렇게 생각할 수도 있을 것 같다. 그러나 그러기 위해서는 가족의 희생이 컸다.

이 책은 가족의 도움이나 희생으로 만들었다는 표현보다는 가족 공동으로 만들어낸 결실이라 해야 옳을 것이다. 2년쯤 전에 아일랜드를 다녀오고 나서 아일랜드에서 연구년을 보내자는 제안을 하였더니 아내는 '내 그럴 줄 알았다'는 반응이었고, 아이들은 모두 가기 싫어하는 기색이었다. 여러 차례의 가족회의 끝에 아일랜드행이 결정되었다. 그 순간 큰아이는 눈물까지 보였다. 그런 식구들과 함께 도착한 아일랜드의 2월

메리 수녀님이 우리 가족들의 사는 모습을 보기 위하여 직접 찾아오셨다.

은 춥고 삭막하였다. 어떻게 살아갈까를 고민하고 있을 때 오히려 아내가 '잘 할 수 있다'고 식구들을 독려하였다. 큰아이도 힘들어하는 아빠를 위로해 주었다. 서울로 돌아가고 싶다고 아우성치던 막내는 축구 클럽에 다니기 시작하면서 활기를 찾았다. 그 무렵 우연히 듣고 그 후로도 즐겨 듣게 되었던 팝송 한 곡은 지금도 우리 가족의 심금을 울린다.

가족들이 모두 힘들어하던 3월에, 딸 은영이와 정화가 다니던 학교 일로 알게 된 도미니칸 수녀회의 메리 메큐(Mary Mchue) 수녀님은 어둠 속에서 발견한 빛과 같았다. 한국에서 26년을 생활한 적이 있는 수녀님은 마치 친손녀, 친손자처럼 아이들에게 관심을 가져 주셨다. 그분의 도움으로 아이들은 빠르게 적응하였다. 부활절 휴가 기간 중에 벨파스트에 사는 소희네 식구를 만난 것은 아내가 그곳 생활에 적응하는 데 큰 도움이 되었다. 무엇보다 그곳에서 한국 음식을 만들 수 있는 재료를 구할 수 있게 되었고, 이는 북아일랜드 방향으로 자주 여행을 하는 계기가 되었다. 또한 5월부터 아이리시 댄스를 배우기 시작하면서 아내는 그곳 생활에 점점 재미를 느끼게 되었다.

5월에 들어서면서 아이리시를 보다 가까이

자이언츠코즈웨이의 빼어난 주상절리를 사진에 담기 위하여 우리 가족은 6차례나 그곳을 방문하였다.

에서 자주 접하게 되었다. 그럴수록 그들에 대한 관심이 커져 갔다. 그러던 중 아일랜드가 지구상에서 가장 살기 좋은 나라 1위로 꼽혔다는 소식은 그것에 부채질을 하였다. 아이들의 방학이 시작되면서부터 책을 쓰기 위한 본격적인 준비를 할 수 있었던 것도 그 영향이 컸다. 무엇이 아일랜드를 살기 좋은 나라 1위로 만든 것인지 궁금하였다.

식구들은 모두가 한마음이 되어, 거의 주말의 답사에 동행하였다. 모든 코스가 힘든 일정이었으나 각자의 역할에 충실하였다. 아내는 주로 지도를 보면서 복잡하고 낯선 길을 안내하였다. 한국에서는 지도를 만지는 것조차도 싫어하던 사람이었다. 큰아이와 둘째는 섭외를 담당하였다. 막내는 건강하게 같이 있는 것만으로도 힘이 되었다. 9월에 접어들면서 해가 짧아지는 것을 피부로 느낄 수 있었고, 초조한 마음이 들기 시작하였다. 지방도로 이상의 도로는 모두 다녀 볼 생각이었고, 최소한 같은 장소를 3번 이상 밟아 볼 생각이었다. 동지에 이르니 그 초조함이 극에 이르렀다. 심지어 식구들에게 점심을 건너뛰자는 제안까지 하게 되었다. 시간이 너무 아까웠다. 집을 나설 때는 이번이 마지막 여정이라고 생각하고 떠나지만, 돌아서면 마음이 달라지곤 하였다.

딸들은 아일랜드에 대한 많은 지식을 넘겨주었다. 원고를 써 가는 중에 생기는 의문은 그들을 통하여 해결할 수 있었다. 두 아이는 학교에서 나이트(Mrs. Knight)와 무니(Mrs. Mooney) 선생님의 도움을 받았다. 덕분에 두 아이는 그 선생님들에게 아주 훌륭한 학생이란 소릴 여러 차례 듣기도 하였다. 나이트 선생님은 막내의 축구 클럽도 주선해 주었다. 아이리시를 좀 더 가까이에서 접하기 위해서는 펍이 좋은 장소였다. 그곳에서 만나는 모든 아이리시는 나의 선생님이 되어 주었다. 그 덕분에 한국으로 돌아오는 이삿짐 속에는 기네스 맥주를 몇 상자나 넣게 되었다.

5월 어느 날 아침, 뜻하지 않게 당한 교통사고는 우리 가족에게 큰 위기였다. 그러나 아내의 침착함과 태상이네 식구들의 위로와 도움, 그리고 아이리시인 프랭크(Frank) 변호사 등의 도움으로 전화위복의 기회가 되었다. 아이들이 다니던 학교 건널목에서 자원 봉사를 하던 리암(Liam)도 잊을 수 없는 아이리시이다. 그가 자기 막내딸 카트리나(Katrina)와 우리 집을 방문했던 것을 잊을 수 없다. 큰아이의 친구인 데비(Debby)는 부모와 함께 우리를 집으로 초대하였다. 아이리시인 그의 아버지와 가족들 역시 이 책을 엮어 가는 데 큰 도움이 되었다. 아일랜드를 떠나려 할 무렵 콜린(Colin O'Dowd)의 초대도 기억에 남는 일이다. 그는 영어를 못

리암과 카트리나는 우리 집을 방문한 최초의 아이리시였다.

하는 나에게 조금 더 놀다 가라고 늦은 밤까지 우리 가족을 붙잡았다. 바로 그것이 또 다른 아이리시의 모습을 일깨웠다.

막상 원고를 마치려니 저자인 나는 정작 한 일이 하나도 없는 것 같아 부끄럽기도 하다. 원고의 한 줄 한 줄이 앞에 열거한 모든 이들의 도움으로 이어져 갔다. 물론 여기서 들 수 없는 더 많은 이들이 도움을 주었다. 가족들의 공동 명의로 책을 출간할까도 생각할 만큼 가족들의 도움은 절대적이었다. 다시 한 번 기꺼이 희생을 감수해 준 가족들에게 감사한다.

이승호 교수의 아일랜드 여행 지도

1판 1쇄 발행 | 2005. 10. 28
1판 4쇄 발행 | 2016. 5. 27

지 은 이 | 이승호
펴 낸 이 | 김선기
펴 낸 곳 | (주)푸른길

출판등록 | 1996년 4월 12일 제16-1292호
주   소 | (08377) 서울특별시 구로구 디지털로 33길 48 대륭포스트타워 7차 1008호
전   화 | 02-523-2907, 6942-9570~2
팩   스 | 02-523-2951
이 메 일 | purungilbook@naver.com
홈페이지 | www.purungil.co.kr

*잘못된 책은 바꿔 드립니다.